高等教育理工类精品课程规划教辅

大学物理练习册

主　编　杨长铭　谢　丽　蔡昌梅

学生姓名＿＿＿＿　　专　业＿＿＿＿　　班　级＿＿＿＿
序　号＿＿＿＿　　学　号＿＿＿＿　　批阅教师＿＿＿＿

华中科技大学出版社
中国·武汉

图书在版编目(CIP)数据

大学物理练习册/杨长铭,谢丽,蔡昌梅主编.—武汉:华中科技大学出版社,2014.7(2022.7 重印)
ISBN 978-7-5680-0267-7

Ⅰ.①大… Ⅱ.①杨… ②谢… ③蔡… Ⅲ.①物理学-高等学校-习题集 Ⅳ.①O4-44

中国版本图书馆 CIP 数据核字(2014)第 155095 号

大学物理练习册
Daxue Wuli Lianxice

杨长铭　谢　丽　蔡昌梅　主编

策划编辑:彭中军
责任编辑:彭中军
封面设计:龙文装帧
责任校对:张会军
责任监印:朱　玢
出版发行:华中科技大学出版社(中国·武汉)
　　　　　武昌喻家山　　邮编:430074　　电话:(027)81321913
录　排:华中科技大学惠友文印中心
印　刷:武汉科源印刷设计有限公司
开　本:787 mm×1092 mm　1/16
印　张:12.5
字　数:318 千字
版　次:2022 年 7 月第 1 版第 10 次印刷
定　价:24.00 元(含练习册和参考答案)

本书若有印装质量问题,请向出版社营销中心调换
全国免费服务热线:400-6679-118　　竭诚为您服务
版权所有　侵权必究

序 言

物理学是研究物质的基本结构、基本运动形式、相互作用的自然科学.它的基本理论渗透在自然科学的各个领域,应用于生产技术的许多部门,是其他自然科学和工程技术的基础.

以物理学基础为内容的大学物理课程,是高等学校理工科各专业学生的一门重要通识性必修基础课.该课程所教授的基本概念、基本理论和基本方法是构成学生科学素养的重要组成部分,是一个科学工作者和工程技术人员所必备的知识.

大学物理课程的学习为学生系统地打好必要的物理基础,也为学生进一步学习打下坚实的基础.在大学物理课程的各个教学环节中,都应在传授知识的同时,注重学生分析问题能力和解决问题能力的培养,努力实现学生知识、能力、素质的协调发展.习题训练是引导学生学习、检查教学效果、保证教学质量的重要环节,也是体现课程要求规范的重要标志.在习题的选取上,力求注重基本概念,强调基本训练,贴近应用实际,激发学习兴趣.

本练习册按照《非物理类理工学科大学物理课程教学基本要求》(建议的最低学时数为126)的学时编写.为了使用方便,本练习册内容按上、下两个学期安排,上学期的内容为力学、热学、振动和波、光学;下学期的内容为静电学、稳恒磁场、电磁感应、电磁场和近代物理.练习与每次课相对应,每次课都有练习.本练习册为力学、热学、振动和波、光学、静电学、稳恒磁场、电磁感应、近代物理的习题课或讨论课提供了测试题,也为《大学物理》(上、下两册)提供了试卷.

本练习册适合所有理工科专业的大学物理课程使用.在使用时,教师可根据课时和专业的具体情况删减练习内容.

本练习册的主编为杨长铭、谢丽、蔡昌梅.本练习册是在长江大学原"大学物理练习题"的基础上编写成册的.

在本练习册的编写过程中,我们参考了不少教材和文献资料,在此对相关作者一并表示感谢.

编 者
2016 年 8 月

目 录

练习 1　质点运动的描述 …………… (1)
练习 2　圆周运动　相对运动 ……… (3)
练习 3　牛顿定律 …………………… (5)
练习 4　动量　动量守恒定律 ……… (7)
练习 5　功和能 ……………………… (9)
练习 6　力矩　转动惯量　转动定律 …… (11)
练习 7　角动量　力矩做功 ………… (13)
练习 8　状态方程　热力学第一定律 …… (15)
练习 9　等值过程　绝热过程 ……… (17)
练习 10　循环过程　卡诺循环 …… (19)
练习 11　热力学第二定律　卡诺定理 …… (23)
练习 12　物质的微观模型　压强公式 …… (25)
练习 13　理想气体的内能　分布律　自由程
　………………………………… (27)
练习 14　谐振动 …………………… (29)
练习 15　谐振动能量　谐振动合成 …… (31)
练习 16　共振　波动方程 ………… (33)
练习 17　波的能量　波的干涉 …… (35)
练习 18　驻波　多普勒效应 ……… (39)
练习 19　几何光学基本定律　球面反射和折射
　………………………………… (41)
练习 20　薄透镜　显微镜　望远镜 …… (45)
练习 21　光的相干性　双缝干涉　光程 … (47)
练习 22　薄膜干涉　劈尖 ………… (49)
练习 23　牛顿环　迈克耳孙干涉仪　衍射现象
　………………………………… (51)
练习 24　单缝　圆孔　光学仪器的分辨率
　………………………………… (53)
练习 25　光栅 X 射线的衍射 ……… (55)
练习 26　光的偏振 ………………… (57)
练习 27　库仑定律　电场强度 …… (59)
练习 28　电场强度(续) …………… (61)
练习 29　高斯定理 ………………… (65)
练习 30　静电场的环路定理　电势 …… (67)

练习 31　静电场中的导体 ………… (71)
练习 32　静电场中的电介质 ……… (73)
练习 33　磁感应强度　毕奥-萨伐尔定律
　………………………………… (77)
练习 34　毕奥-萨伐尔定律(续) …… (81)
练习 35　安培环路定理 …………… (83)
练习 36　安培力　洛仑兹力 ……… (87)
练习 37　物质的磁性 ……………… (89)
练习 38　电磁感应定律　动生电动势 …… (91)
练习 39　感生电动势　自感 ……… (95)
练习 40　互感　磁场的能量 ……… (99)
练习 41　麦克斯韦方程组 ………… (101)
练习 42　狭义相对论的基本原理 …… (103)
练习 43　狭义相对论的时空观 …… (105)
练习 44　相对论力学基础 ………… (107)
练习 45　热辐射 …………………… (109)
练习 46　光电效应　康普顿效应 …… (111)
练习 47　氢原子的玻尔理论 ……… (113)
练习 48　德布罗意波　不确定关系 …… (115)
练习 49　量子力学简介 …………… (117)
练习 50　氢原子的量子力学简介 …… (119)
练习 51　激光　半导体 …………… (121)
测试一：力学测试题 ………………… (123)
测试二：热学测试题 ………………… (127)
测试三：振动和波测试题 …………… (131)
测试四：光学测试题 ………………… (137)
测试五：《大学物理(上)》测试卷 …… (143)
测试六：静电学测试题 ……………… (147)
测试七：稳恒磁场测试题 …………… (153)
测试八：电磁感应测试题 …………… (159)
测试九：近代物理测试题 …………… (165)
测试十：《大学物理(下)》测试卷 …… (169)

班级_____   姓名_____   序号_____   成绩_____

练习1 质点运动的描述

一、选择题

1. 质点在 y 轴上运动，运动方程为 $y=4t^2-2t^3$，则质点返回原点的时刻为(   ).
   A. 0 s　　　　B. 1 s　　　　C. 2 s　　　　D. 3 s

2. 某质点做直线运动的运动学方程为 $x=3t-5t^3+6$(SI)，则该质点做(   ).
   A. 匀加速直线运动，加速度沿 x 轴正方向
   B. 匀加速直线运动，加速度沿 x 轴负方向
   C. 变加速直线运动，加速度沿 x 轴正方向
   D. 变加速直线运动，加速度沿 x 轴负方向

3. 物体通过两个连续相等位移的平均速度分别为 $\bar{v}_1=10$ m/s，$\bar{v}_2=15$ m/s，若物体做直线运动，则在整个过程中物体的平均速度为(   ).
   A. 12 m/s　　　B. 11.75 m/s　　　C. 12.5 m/s　　　D. 13.75 m/s

4. 一个质点沿 x 轴做直线运动，其 v-t 曲线如图1所示，如 $t=0$ 时，质点位于坐标原点，则 $t=4.5$ s 时，质点在 x 轴上的位置为(   ).
   A. 5 m
   B. 2 m
   C. 0
   D. -2 m
   E. -5 m

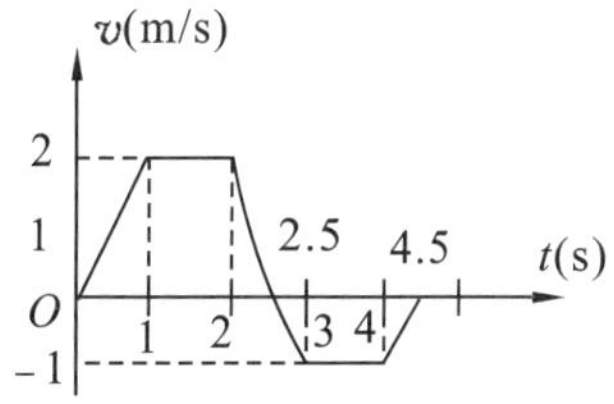

   图1

5. 质点沿 Oxy 平面做曲线运动，其运动方程为 $x=2t$，$y=19-2t^2$，则质点位置矢量与速度矢量恰好垂直的时刻为(   ).
   A. 0 s 和 3.16 s　　B. 1.78 s　　C. 1.78 s 和 3 s　　D. 0 s 和 3 s

6. 一个质点做直线运动，某时刻的瞬时速度为 $v=2$ m/s，瞬时加速度为 $a=-2$ m/s^2，则 1 秒钟后质点的速度(   ).
   A. 等于零　　　B. 等于 -2 m/s　　　C. 等于 2 m/s　　　D. 不能确定

二、填空题

1. 一个质点沿直线运动，其运动学方程为 $x=6t-t^2$(SI)，则在 t 由 0 s 至 4 s 的时间间隔内，质点的位移大小为_____.

2. 一个质点沿 x 方向运动，其加速度随时间变化的关系为 $a=3+2t$(SI)，如果初始时质点的速度 v_0 为 5 m/s，则当 t 为 3 s 时，质点的速度 $v=$_____.

3. 一个质点的运动方程为 $\mathbf{r}=A\cos\omega t \mathbf{i}+B\sin\omega t \mathbf{j}$，其中 A，B，ω 为常量. 则质点的加速度矢量为 $\mathbf{a}=$_____.

4. 在 x 轴上做变加速直线运动的质点，已知其初速度为 v_0，初始位置为 x_0，加速度为 $a=Ct^2$（其中 C 为常量），则其运动方程为 $x=$_____.

三、计算题

1. 有一个质点沿 x 轴做直线运动，t 时刻的坐标为 $x=4.5t^2-2t^3$(SI). 试求：
   (1) 第 2 秒内的平均速度；

(2)第 2 秒末的瞬时速度；
(3)第 2 秒内的路程.

2.一个质点沿 x 轴运动，其加速度 a 与位置坐标 x 的关系为 $a=2+6x^2$(SI)，如果质点在原点处的速度为零，试求其在任意位置处的速度.

班级_____ 姓名_____ 序号_____ 成绩_____

练习2　圆周运动　相对运动

一、选择题

1. 如图 1 所示,一个光滑的内表面半径为 10 cm 的半球形碗,以匀角速度 ω 绕其对称轴 OC 旋转. 已知放在碗内表面上的一个小球 P 相对于碗静止,其位置高于碗底 4 cm,则由此可推知碗旋转的角速度约为(　　).

   A. 10 rad/s 　　　　　　　　　　　B. 13 rad/s
   C. 17 rad/s 　　　　　　　　　　　D. 18 rad/s

图 1

2. 质点沿半径为 R 的圆周做匀速率运动,每 t 时间转一周,在 $2t$ 时间间隔中,其平均速度大小与平均速率大小分别为(　　).

   A. $2\pi R/t$, $2\pi R/t$　　B. 0, $2\pi R/t$　　C. 0, 0　　D. $2\pi R/t$, 0

3. 下列情况不可能存在的是(　　).

   A. 速率增大,加速度大小减小 　　　B. 速率减小,加速度大小增大
   C. 速率不变而有加速度 　　　　　　D. 速率增大而无加速度
   E. 速率增大而法向加速度大小不变

4. 质点沿半径 $R=1$ m 的圆周运动,某时刻角速度 $\omega=1$ rad/s,角加速度 $\alpha=1$ rad/s^2,则质点速度和加速度的大小为(　　).

   A. 1 m/s, 1 m/s^2　　B. 1 m/s, 2 m/s^2　　C. 1 m/s, $\sqrt{2}$ m/s^2　　D. 2 m/s, $\sqrt{2}$ m/s^2

5. 一个抛射体的初速度为 v_0,抛射角为 θ,抛射点的法向加速度,最高点的切向加速度以及最高点的曲率半径分别为(　　).

   A. $g\cos\theta, 0, v_0^2\cos^2\theta/g$　　　　　　B. $g\cos\theta, g\sin\theta, 0$
   C. $g\sin\theta, 0, v_0^2/g$　　　　　　　　　　D. $g, g, v_0^2\sin^2\theta/g$

6. 如图 2 所示,空中有一个气球,下连一把绳梯,它们的质量共为 M. 在梯上站一个质量为 m 的人,起始时气球与人均相对于地面静止. 当人相对于绳梯以速度 v 向上爬时,气球的速度为(以向上为正)(　　).

   A. $-\dfrac{mv}{m+M}$　　　　　　　　　　　B. $-\dfrac{Mv}{m+M}$

   C. $-\dfrac{mv}{M}$　　　　　　　　　　　　D. $-\dfrac{(m+M)v}{m}$

   E. $-\dfrac{(m+M)v}{M}$

图 2

二、填空题

1. 一个质点做半径为 0.1 m 的圆周运动,其角位置的运动学方程为 $\theta=\dfrac{\pi}{4}+\dfrac{1}{2}t^2$ (SI),则其切向加速度为 $a_\tau=$_____.

2. 在一个转动的齿轮上,一个齿尖 P 沿半径为 R 做圆周运动,其路程 S 随时间的变化规律为 $S=v_0 t+\dfrac{1}{2}bt^2$,其中 v_0 和 b 都是正的常量. 则 t 时刻齿尖 P 的速度大小为_____,加速度大

小为_____.

3. 已知质点的运动方程为 $r=2t^2i+\cos\pi t j$ (SI)，则 $t=1$ 秒时，其切向加速度 $a_\tau=$ _____；法向加速度 $a_n=$ _____.

4. 以一定初速度斜向上抛出一个物体，如果忽略空气阻力，当该物体的速度 v 与水平面的夹角为 θ 时，它的切向加速度的大小为 $a_\tau=$ _____，法向加速度的大小为 $a_n=$ _____.

三、计算题

1. 如图3所示，一个质点 P 在水平面内沿一个半径为 $R=2$ m 的圆轨道转动．转动的角速度 ω 与时间 t 的关系为 $\omega=kt^2$（k 为常量），已知 $t=2$ s 时质点 P 的速度为 32 m/s．试求 $t=1$ s 时，质点 P 的速度与加速度的大小.

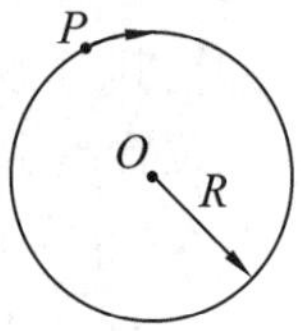

图 3

2. 升降机以 $a=2g$ 的加速度从静止开始上升，机顶有一个螺帽在 $t_0=2.0$ s 时因松动而落下，设升降机高为 $h=2.0$ m，试求螺帽下落到底板所需时间 t 及相对地面下落的距离 s.

班级_____　　姓名_____　　序号_____　　成绩_____

练习3　牛顿定律

一、选择题

1. 如图1所示,竖立的圆筒形转笼,半径为R,绕中心轴OO'转动,物块A紧靠在圆筒的内壁上,物块与圆筒间的摩擦系数为μ,要使物块A不下落,圆筒转动的角速度ω至少应为(　　).

A. $\sqrt{\dfrac{\mu g}{R}}$　　B. $\sqrt{\mu g}$　　C. $\sqrt{\dfrac{g}{\mu R}}$　　D. $\sqrt{\dfrac{g}{R}}$

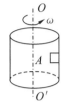

图1

2. 一个质点在力$F=5m(5-2t)$(SI)的作用下,$t=0$时从静止开始做直线运动,式中m为质点的质量,t为时间,则当$t=5$ s时,质点的速率为(　　).

A. 50 m·s^{-1}　　B. 25 m·s^{-1}　　C. 0　　D. -50 m·s^{-1}

3. 如图2所示,在升降机天花板上拴有轻绳,其下端系一个重物,当升降机以加速度a上升时,绳中的张力正好等于绳子所能承受的最大张力的一半,问绳子刚好被拉断时升降机的加速度为(　　).

A. $2a$　　B. $2(a+g)$　　C. $2a+g$　　D. $a+g$

4. 如图3所示,弹簧秤挂一个滑轮,滑轮两边各挂一个质量为m和$2m$的物体,绳子与滑轮的质量忽略不计,轴承处摩擦忽略不计,在m及$2m$的运动过程中,弹簧秤的读数为(　　).

A. 3 mg　　B. 2 mg　　C. 1 mg　　D. 8 mg/3

5. 两个质量相等的小球由一个轻弹簧相连接,再用一根细绳悬挂于天花板上,处于静止状态,如图4所示.将绳子剪断的瞬间,球1和球2的加速度分别为(　　).

A. $a_1=g, a_2=g$　　B. $a_1=0, a_2=g$　　C. $a_1=g, a_2=0$　　D. $a_1=2g, a_2=0$

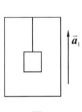　　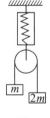　　

图2　　　　　　　图3　　　　　　　图4

6. 已知水星的半径是地球半径的0.4倍,质量为地球的0.04倍,设在地球上的重力加速度为g,则水星表面上的重力加速度为(　　).

A. 0.1g　　B. 0.25g　　C. 2.5g　　D. 4g

二、填空题

1. 如图5所示,一根绳子系着一个质量为m的小球,悬挂在天花板上,小球在水平面内做匀速圆周运动,试写出小球在铅直方向的受力方程_____.

2. 如图6所示,一个水平圆盘,半径为r,边缘放置一个质量为m的物体A,它与盘的静摩擦系数为μ,圆盘绕中心轴OO'转动,当其角速度ω小于或等于_____时,物体A不致飞出.

3. 一个质量为 m_1 的物体拴在长为 l_1 的轻绳上,绳子的另一端固定在光滑水平桌面上,另一个质量为 m_2 的物体用长为 l_2 的轻绳与 m_1 相接,两者均在桌面上做角速度为 ω 的匀速圆周运动,如图 7 所示.则 l_1、l_2 两绳上的张力 $T_1=$ _____,$T_2=$ _____.

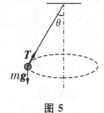

图 5

4. 一架轰炸机在俯冲后沿一个竖直面内的圆周轨道飞行,如图 8 所示,如果飞机的飞行速率为一个恒值 $v=640$ km/h,为使飞机在最低点的加速度不超过重力加速度的 7 倍($7g$),则此圆周轨道的最小半径 $R=$ _____,若驾驶员的质量为 70 kg,在最小圆周轨道的最低点,他的视重(即人对座椅的压力)$N'=$ _____.

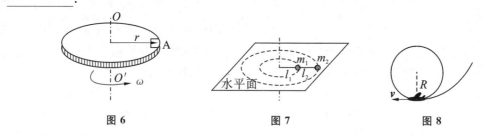

图 6   图 7   图 8

三、计算题

1. 如图 9 所示,质量 $m=2.0$ kg 的均匀绳,长 $L=1.0$ m,两端分别连接重物 A 和 B,$m_A=8.0$ kg,$m_B=5.0$ kg,今在 B 端施以大小为 $F=180$ N 的竖直拉力,使绳和物体向上运动,求距离绳的下端为 x 处绳中的张力 $T(x)$.

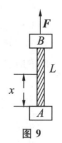

图 9

2. 质量为 m 的子弹以速度 v_0 水平射入沙土中,设子弹所受阻力与速度成正比,比例系数为 $k(k>0)$,忽略子弹的重力,求:
(1)子弹射入沙土后,速度随时间变化的函数关系式;
(2)子弹射入沙土的最大深度.

练习4 动量 动量守恒定律

一、选择题

1. 质量为 m 的质点,以不变速率 v 沿图1中正 $\triangle ABC$ 的水平光滑轨道运动.质点越过 $\angle A$ 时,轨道作用于质点的冲量的大小为( ).

   A. mv B. $\sqrt{2}mv$
   C. $\sqrt{3}mv$ D. $2mv$

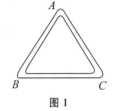

图1

2. 做匀速圆周运动的物体运动一周后回到原处,这一周期内物体( ).

   A. 动量守恒,合外力为零
   B. 动量守恒,合外力不为零
   C. 动量变化为零,合外力不为零,合外力的冲量为零
   D. 动量变化为零,合外力为零

3. 一个弹性小球水平抛出,落地后弹性跳起,达到原先的高度时速度的大小与方向与原先的相同,则( ).

   A. 此过程动量守恒,重力与地面弹力的合力为零
   B. 此过程前后的动量相等,重力的冲量与地面弹力的冲量大小相等、方向相反
   C. 此过程动量守恒,合外力的冲量为零
   D. 此过程前后动量相等,重力的冲量为零

4. 质量为 M 的船静止在平静的湖面上,一个质量为 m 的人在船上从船头走到船尾,相对于船的速度为 v.如设船的速度为 V,则用动量守恒定律列出的方程为( ).

   A. $MV+mv=0$ B. $MV=m(v+V)$
   C. $MV=mv$ D. $MV+m(v+V)=0$
   E. $mv+(M+m)V=0$ F. $mv=(M+m)V$

5. 粒子B的质量是粒子A的质量的4倍,开始时粒子A的速度为 $3i+4j$,粒子B的速度为 $2i-7j$,由于两者的相互作用,粒子A的速度变为 $7i-4j$,此时粒子B的速度等于( ).

   A. $i-5j$ B. $2i-7j$ C. 0 D. $5i-3j$

6. 长为 l 的轻绳,一端固定在光滑水平面上,另一端系一个质量为 m 的物体.开始时物体在 A 点,绳子处于松弛状态,物体以速度 v_0 垂直于 OA 运动,OA 长为 h.当绳子被拉直后物体做半径为 l 的圆周运动,如图2所示.在绳子被拉直的过程中物体的角动量大小的增量和动量大小的增量分别为( ).

   A. $0, mv_0(h/l-1)$
   B. $0, 0$
   C. $mv_0(l-h), 0$
   D. $mv_0(l-h), mv_0(h/l-1)$

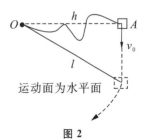

运动面为水平面

图2

二、填空题

1. 力 $F = xi + 3y^2 j$ (SI)作用于其运动方程为 $x = 2t$ (SI)的做直线运动的物体上,则 $0 \sim 1$ s 内力 F 做的功为 $W = $ _____.

2. 设作用在质量为 1 kg 的物体上的力 $F = 6t + 3$ (SI).如果物体在这一个力的作用下,由静止开始沿直线运动,在 0 到 2.0 s 的时间间隔内,作用在物体上的冲量大小 $I = $ _____.

3. 湖面上有一条小船静止不动,船上有一个渔人质量为 60 kg.如果他在船上向船头走了 4.0 米,但相对于湖底只移动了 3.0 米(水对船的阻力略去不计),则小船的质量为 _____.

4. 如图 3 所示,两块并排的木块 A 和 B,质量分别为 m_1 和 m_2,静止地放在光滑的水平面上,一枚子弹水平地穿过两木块,设子弹穿过两木块所用的时间分别为 Δt_1 和 Δt_2,木块对子弹的阻力为恒力 F,则子弹穿出后,木块 A 的速度大小为 _____,木块 B 的速度大小为 _____.

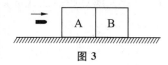

图 3

三、计算题

1. 一个质点做半径为 r、半锥角为 θ 的圆锥摆运动,其质量为 m,速度为 v_0,如图 4 所示.若质点从 a 到 b 绕行半周,求作用于质点上的重力的冲量 I_1 和张力 T 的冲量 I_2.

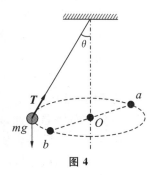

图 4

2. 一个质量均匀分布的柔软细绳铅直地悬挂着,绳的下端刚好触到水平桌面,如果把绳的上端放开,绳将落在桌面上,试求在绳下落的过程中,任意时刻作用于桌面的压力.

班级_____ 姓名_____ 序号_____ 成绩_____

练习5　功　和　能

一、选择题

1. 质量为 $m=0.5$ kg 的质点,在 Oxy 坐标平面内运动,其运动方程为 $x=5t$, $y=0.5t^2$ (SI),从 $t=2$ s 到 $t=4$ s 这段时间内,外力对质点做的功为(　　).
   A. 1.5 J　　　　　B. 3 J　　　　　C. 4.5 J　　　　　D. -1.5 J

2. 今有一个劲度系数为 k 的轻弹簧,竖直放置,下端悬一个质量为 m 的小球,开始时使弹簧为原长而小球恰好与地接触,今将弹簧上端缓慢地提起,直到小球刚能脱离地面为止,在此过程中外力做功为(　　).

   A. $\dfrac{m^2 g^2}{4k}$　　　　　　　　B. $\dfrac{m^2 g^2}{3k}$

   C. $\dfrac{m^2 g^2}{2k}$　　　　　　　　D. $\dfrac{2m^2 g^2}{k}$

   E. $\dfrac{4m^2 g^2}{k}$

3. 如图1所示,在光滑平面上有一个运动物体 P,在 P 的正前方有一个连有弹簧和挡板 M 的静止物体 Q,弹簧和挡板 M 的质量均不计,P 与 Q 的质量相同. 物体 P 与 Q 碰撞后 P 停止,Q 以碰前 P 的速度运动. 在此碰撞过程中,弹簧压缩量最大的时刻是(　　).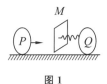

   图1

   A. P 的速度正好变为零时　　　　　B. P 与 Q 速度相等时
   C. Q 正好开始运动时　　　　　　　D. Q 正好达到原来 P 的速度时

4. 一个质量为 m 的质点,在半径为 R 的半球形容器中,由静止开始自边缘上的 A 点滑下到达最低点 B 时,它对容器的正压力为 N. 则质点自 A 点滑到 B 点的过程中,摩擦力做功为(　　).

   A. $\dfrac{1}{2}R(N-3mg)$　　　　　　B. $\dfrac{1}{2}R(3mg-N)$

   C. $\dfrac{1}{2}R(N-mg)$　　　　　　　D. $\dfrac{1}{2}R(N-2mg)$

5. 质量为 m 的一艘宇宙飞船关闭发动机返回地球时,可认为该飞船只在地球的引力场中运动. 已知地球质量为 M,万有引力恒量为 G,则当它从距地球中心 R_1 处下降到 R_2 处时,飞船增加的动能应等于(　　).

   A. $\dfrac{GMm}{R_2}$　　　　　　　　　B. $\dfrac{GMm}{R_2^2}$

   C. $GMm\dfrac{R_1-R_2}{R_1 R_2}$　　　　　　D. $GMm\dfrac{R_1-R_2}{R_1^2}$

   E. $GMm\dfrac{R_1-R_2}{R_1^2 R_2^2}$

6. 速度大小为 v 的子弹,打穿一块木板后速度为零,设木板对子弹的阻力是恒定的. 那么,当子弹射入木板的深度等于其厚度的一半时,子弹的速度是(　　).

   A. $v/2$　　　　　B. $v/4$　　　　　C. $v/3$　　　　　D. $v/\sqrt{2}$

二、填空题

1. 一个质点在两个恒力的作用下，位移为 $\Delta \boldsymbol{r}=3\boldsymbol{i}+8\boldsymbol{j}$(SI)，在此过程中，动能增量为 24 J，已知其中一个恒力 $\boldsymbol{F}_1=12\boldsymbol{i}-3\boldsymbol{j}$(SI)，则另一个恒力所做的功为_____．

2. 已知地球半径为 R，质量为 M．现有一个质量为 m 的物体处在离地面高度 $2R$ 处，以地球和物体为系统，如取地面的引力势能为零，则系统的引力势能为_____；如取无穷远处的引力势能为零，则系统的引力势能为_____．

3. 如图 2 所示，一个半径 $R=0.5$ m 的圆弧轨道，一个质量为 $m=2$ kg 的物体从轨道的上端 A 点下滑，到达底部 B 点时的速度为 $v=2$ m/s，则重力做功为_____，正压力做功为_____，摩擦力做功为_____．

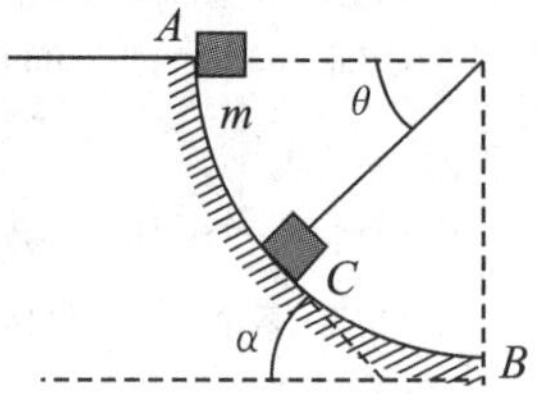

4. 一根长为 l、质量为 m 的匀质链条，放在光滑的桌面上，若其长度的 1/5 悬挂于桌边下，将其慢慢拉回桌面，需做功_____．

图 2

三、计算题

1. 某弹簧不遵守胡克定律，若施力 F，则相应伸长量为 x，力与伸长量 x 的关系为 $F=52.8x+38.4x^2$(SI)．求将弹簧从伸长量 $x_1=0.50$ m 拉伸到伸长量 $x_2=1.00$ m 时，外力需做的功．

2. 假设在最好的刹车情况下，汽车轮子不在路面上滚动，而仅有滑动，试从功、能的观点出发，求质量为 m 的汽车以速率 v 沿着水平道路运动时，刹车后，要它停下来所需要的最短距离？（μ_k 为车轮与路面之间的滑动摩擦系数）．

班级_____ 姓名_____ 序号_____ 成绩_____

练习6　力矩　转动惯量　转动定律

一、选择题

1. 均匀细棒 OA 可绕通过其一端 O 而与棒垂直的水平固定光滑轴转动，如图1所示．今使棒从水平位置由静止开始自由下落，在棒摆动到竖直位置的过程中，下述说法正确的是（　　）．

   A. 角速度从小到大，角加速度从大到小

   B. 角速度从小到大，角加速度从小到大

   C. 角速度从大到小，角加速度从大到小

   D. 角速度从大到小，角加速度从小到大

图1

2. 关于刚体对轴的转动惯量，下列说法中正确的是（　　）．

   A. 只取决于刚体的质量，与质量的空间分布和轴的位置无关

   B. 取决于刚体的质量和质量的空间分布，与轴的位置无关

   C. 取决于刚体的质量、质量的空间分布和轴的位置

   D. 只取决于转轴的位置，与刚体的质量和质量的空间分布无关

3. 有 A、B 两个半径相同、质量相同的细圆环．A 环的质量均匀分布，B 环的质量不均匀分布，设它们对过环心的中心轴的转动惯量分别为 I_A 和 I_B，则有（　　）．

   A. $I_A > I_B$　　B. $I_A < I_B$　　C. 无法确定哪个大　　D. $I_A = I_B$

4. 几个力同时作用在一个具有光滑固定转轴的刚体上，如果这几个力的矢量和为零，则此刚体（　　）．

   A. 必然不会转动　　　　　　　　B. 转速必然不变

   C. 转速必然改变　　　　　　　　D. 转速可能不变，也可能改变

5. 一个圆盘绕过盘心且与盘面垂直的光滑固定轴 O 以角速度按图2所示方向转动．若如图2所示的情况那样，将两个大小相等、方向相反但不在同一条直线上的力 F 沿盘面同时作用到圆盘上，则圆盘的角速度（　　）．

   A. 必然增大　　　　　　　　　　B. 必然减少

   C. 不会改变　　　　　　　　　　D. 如何变化，不能确定

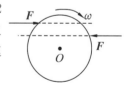

图2

6. 将细绳绕在一个具有水平光滑轴的飞轮边缘上，如果在绳端挂一个质量为 m 的重物时，飞轮的角加速度为 β_1．如果以拉力 $2mg$ 代替重物拉绳时，飞轮的角加速度将（　　）．

   A. 小于 β_1　　　　　　　　　B. 大于 β_1，小于 $2\beta_1$

   C. 大于 $2\beta_1$　　　　　　　　D. 等于 $2\beta_1$

二、填空题

1. 半径为 20 cm 的主动轮，通过皮带拖动半径为 50 cm 的被动轮转动，皮带与轮之间无相对滑动，主动轮从静止开始做匀角加速转动．在 4 s 内被动轮的角速度达到 8π rad/s，则主动轮在这段时间内转过了_____圈．

2. 半径为 $r = 1.5$ m 的飞轮做匀变速转动，初角速度 $\omega_0 = 10$ rad/s，角加速度 $\beta = -5\pi$ rad/s²，

则在 $t=$ _____ 时角位移为零,而此时边缘上点的线速度 $v=$ _____.

3. 质量为 m 的均匀圆盘,半径为 r,绕中心轴的转动惯量 $I_1=$ _____;质量为 M、半径为 R、长度为 l 的均匀圆柱,绕中心轴的转动惯量 $I_2=$ _____. 如果 $M=m, r=R$,则 I_1 _____ I_2.

4. 如图 3 所示,半径分别为 R_A 和 R_B 的两轮,同皮带连结,若皮带不打滑,则两轮的角速度 $\omega_A : \omega_B =$ _____;两轮边缘上 A 点及 B 点的线速度 $v_A : v_B =$ _____;切向加速度 $a_{\tau A} : a_{\tau B} =$ _____;法向加速度 $a_{nA} : a_{nB} =$ _____.

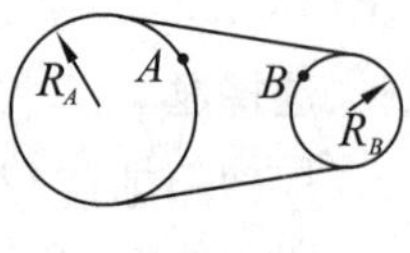

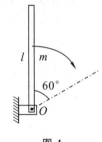

图 3

三、计算题

1. 质量为 m 的均匀细杆长为 l,竖直站立,下面有一个铰链,如图 4 所示,开始时杆静止,因处于不稳平衡,它便倒下,求当它与铅直线成 60°角时的角加速度和角速度.

图 4

2. 质量分别为 m 和 $2m$、半径分别为 r 和 $2r$ 的两个均匀圆盘,同轴地粘在一起,可以绕通过盘心且垂直盘面的水平光滑固定轴转动,对转轴的转动惯量为 $9mr^2/2$,大小圆盘边缘都绕有绳子,绳子下端都挂一个质量为 m 的重物,如图 5 所示. 求盘的角加速度的大小.

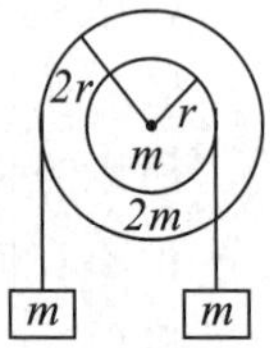

图 5

班级_____ 姓名_____ 序号_____ 成绩_____

练习7 角动量 力矩做功

一、选择题

1. 一颗人造地球卫星到地球中心 O 的最大距离和最小距离分别是 R_A 和 R_B，如图1所示。设卫星对应的角动量分别是 L_A、L_B，动能分别是 E_{KA}、E_{KB}，则应有（ ）.

   A. $L_B > L_A$，$E_{KA} > E_{KB}$
   B. $L_B > L_A$，$E_{KA} = E_{KB}$
   C. $L_B = L_A$，$E_{KA} = E_{KB}$
   D. $L_B < L_A$，$E_{KA} = E_{KB}$
   E. $L_B = L_A$，$E_{KA} < E_{KB}$

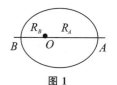
图1

2. 花样滑冰运动员绕通过自身的竖直轴转动，开始时两臂伸开，转动惯量为 J_0，角速度为 ω_0. 然后他将两臂收回，使转动惯量减少为 $\frac{1}{3}J_0$. 这时他转动的角速度变为（ ）.

   A. $\frac{1}{3}\omega_0$ B. $(1/\sqrt{3})\omega_0$ C. $\sqrt{3}\omega_0$ D. $3\omega_0$

3. 质量相同的三个均匀刚体 A、B、C（见图2）以相同的角速度 ω 绕其对称轴旋转，已知 $R_A = R_C < R_B$，若从某时刻起，它们受到相同的阻力矩，则（ ）.

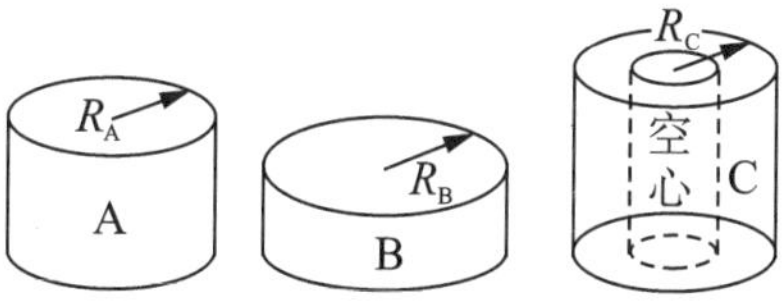

   A. A 先停转
   B. B 先停转
   C. C 先停转
   D. A、C 同时停转

图2

4. 银河系中有一个天体是均匀球体，其半径为 R，绕其对称轴自转的周期为 T，由于引力凝聚的作用，体积不断收缩，则一万年以后应有（ ）.

   A. 自转周期变小，动能也变小
   B. 自转周期变小，动能增大
   C. 自转周期变大，动能增大
   D. 自转周期变大，动能减小
   E. 自转周期不变，动能减小

5. 一个匀质砂轮半径为 R，质量为 M，绕固定轴转动的角速度为 ω. 若此时砂轮的动能等于一个质量为 M 的自由落体从高度为 h 的位置落至地面时所具有的动能，那么 h 应为（ ）.

   A. $\frac{1}{2}MR^2\omega^2$ B. $\frac{R^2\omega^2}{4M}$ C. $\frac{R\omega^2}{Mg}$ D. $\frac{R^2\omega^2}{4g}$

6. 一个人站在无摩擦的转动平台上并随转动平台一起转动，双臂水平地举着两个哑铃，人与哑铃组成系统1，人与哑铃同平台组成系统2，当他把两个哑铃水平地收缩到胸前的过程中有（ ）.

   A. 系统1对转轴的角动量守恒，系统2的机械能不守恒
   B. 系统1对转轴的角动量不守恒，系统2的机械能守恒
   C. 系统1对转轴的角动量守恒，系统2的机械能守恒
   D. 系统1对转轴的角动量不守恒，系统2的机械能不守恒

二、填空题

1. 在 Oxy 平面内的三个质点，质量分别为 $m_1=1$ kg，$m_2=2$ kg 和 $m_3=3$ kg，位置坐标（以米为单位）分别为 $m_1(-3,-2)$、$m_2(-2,1)$ 和 $m_3(1,2)$，则这三个质点构成的质点组对 z 轴的转动惯量 $I_z=$ _____.

2. 一个圆盘在水平面内绕一竖直固定轴转动的转动惯量为 J，初始角速度为 ω_0，后来变为 $\frac{1}{2}\omega_0$. 在上述过程中，阻力矩所做的功为 _____.

3. 一个飞轮以角速度 ω_0 绕轴旋转，飞轮对轴的转动惯量为 J_1；另一个静止飞轮突然被同轴地啮合到转动的飞轮上，该飞轮对轴的转动惯量为前者的 2 倍，啮合后整个系统的角速度 $\omega=$ _____.

4. 光滑水平桌面上有一个小孔，孔中穿一条轻绳，绳的一端拴一个质量为 m 的小球，另一端用手拉住. 若小球开始在光滑桌面上做半径为 R_1、速率为 v_1 的圆周运动，今用力 F 慢慢往下拉绳子，当圆周运动的半径减小到 R_2 时，则小球的速率为 _____，力 F 做的功为 _____.

三、计算题

1. 如图 3 所示，有一个飞轮，半径为 $r=20$ cm，可绕水平轴转动，在轮上绕一根很长的轻绳，若在自由端系一个质量 $m_1=20$ g 的物体，此物体匀速下降；若系 $m_2=50$ g 的物体，则此物体在 10 s 内由静止开始加速下降 40 cm. 设摩擦阻力矩保持不变. 求摩擦阻力矩、飞轮的转动惯量以及绳系重物 m_2 后的张力.

图 3

2. 如图 4 所示，质量为 M 的均匀细棒，长为 L，可绕过端点 O 的水平光滑轴在竖直面内转动，当棒竖直静止下垂时，有一个质量为 m 的小球飞来，垂直击中棒的中点. 由于碰撞，小球碰后以初速度为零自由下落，而细棒碰撞后的最大偏角为 θ，求小球击中细棒前的速度值.

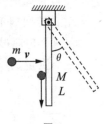

图 4

班级_____ 姓名_____ 序号_____ 成绩_____

练习 8　状态方程　热力学第一定律

一、选择题

1. 把一个容器用隔板分成相等的两部分,左边装 CO_2,右边装 H_2,两边气体质量相同,温度相同,如果隔板与器壁无摩擦,则隔板应(　　).
   A. 向右移动　　　　　　　　　　B. 向左移动
   C. 不动　　　　　　　　　　　　D. 无法判断是否移动

2. 某种理想气体,体积为 V,压强为 p,绝对温度为 T,每个分子的质量为 m,R 为摩尔气体常量,N_0 为阿伏伽德罗常数,则该气体的分子数密度 n 为(　　).
   A. $pN_0/(RT)$　　　　　　　　　B. $pN_0/(RTV)$
   C. $pmN_0/(RT)$　　　　　　　　D. $mN_0/(RTV)$

3. 关于平衡态,以下说法正确的是(　　).
   A. 描述气体状态的状态参量 p、V、T 不发生变化的状态称为平衡态
   B. 在不受外界影响的条件下,热力学系统各部分的宏观性质不随时间变化的状态称为平衡态
   C. 气体内分子处于平衡位置的状态称为平衡态
   D. 处于平衡态的热力学系统,分子的热运动停止

4. 热力学第一定律只适用于(　　).
   A. 准静态过程(或平衡过程)　　　B. 初、终态为平衡态的一切过程
   C. 封闭系统(或孤立系统)　　　　D. 一切热力学系统的任意过程

5. 如图 1 所示,一定量的理想气体,由平衡状态 A 变到平衡状态 B($p_A = p_B$),则无论经过的是什么过程,系统必然(　　).
   A. 对外做正功　　　　　　　　　B. 内能增加
   C. 从外界吸热　　　　　　　　　D. 向外界放热

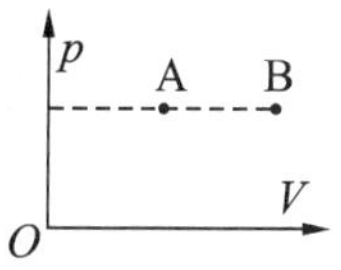

图 1

6. 关于热量 Q,以下说法正确的是(　　).
   A. 同一个物体,温度高时比温度低时含的热量多
   B. 温度升高时,一定吸热
   C. 温度不变时,一定与外界无热交换
   D. 温度升高时,有可能放热

二、填空题

1. 密封在体积为 V 的容器内的某种平衡态气体的分子数为 N,则此气体的分子数密度为 $n = $_____,设此气体的总质量为 M,其摩尔质量为 M_{mol},分子数 N 与阿伏伽德罗数 N_0 的关系为_____.

2. 一定量的理想气体处于热动平衡状态时,此热力学系统不随时间变化的三个宏观量是_____,而随时间变化的微观量是_____.

3. 处于平衡态 A 的热力学系统,若经准静态等容过程变到平衡态 B,将从外界吸热 416 J,若经准静态等压过程变到与平衡态 B 有相同温度的平衡态 C,将从外界吸热 582 J,所以,

从平衡态 A 变到平衡态 C 的准静态等压过程中系统对外界所做的功为_____.

4.气缸内充有一定质量的理想气体,外界压强 p_0 保持不变,缓缓地由体积 V_1 膨胀到体积 V_2,若:

(1)活塞与气缸无摩擦;

(2)活塞与气缸有摩擦;

(3)活塞与气缸间无摩擦,但有一恒力 F 沿膨胀方向拉活塞.

对于以上三种情况,系统对外做功最大的是_____,最小的是_____;系统从外界吸收热量最多的是_____,最少的是_____.

三、计算题

1.一个容器装有质量为 0.1 kg、压强为 1 atm、温度为 47 ℃的氧气,因为漏气,经若干时间后,压强降到原来的 5/8,温度降到 27 ℃,问:

(1)容器的容积多大?

(2)漏了多少氧气?

2.一定量的理想气体,其体积和压强依照 $V = a/\sqrt{p}$ 的规律变化,其中 a 为已知常数,试求:

(1)气体从体积 V_1 膨胀到 V_2 所做的功;

(2)体积为 V_1 时的温度 T_1 与体积为 V_2 时的温度 T_2 之比.

班级_____ 姓名_____ 序号_____ 成绩_____

练习9　等值过程　绝热过程

一、选择题

1. 1 mol 理想气体从 p-V 图上初态 a 分别经历如图1所示的(1)或(2)过程到达末态 b.已知 $T_a < T_b$,则这两过程中气体吸收的热量 Q_1 和 Q_2 的关系是（　　）.
   A. $Q_1 > Q_2 > 0$　　　　　　　　　　B. $Q_2 > Q_1 > 0$
   C. $Q_2 < Q_1 < 0$　　　　　　　　　　D. $Q_1 < Q_2 < 0$
   E. $Q_1 = Q_2 > 0$

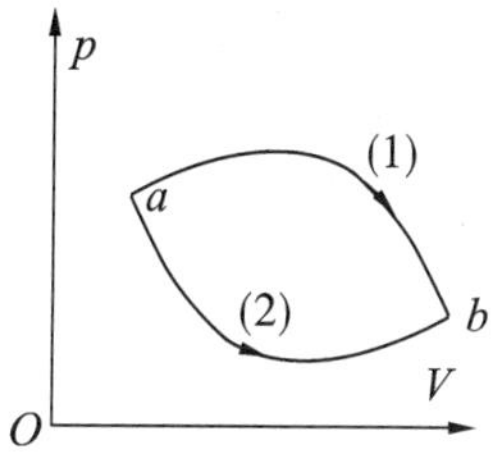

图1

2. 用公式 $\Delta E = \gamma v C_V \Delta T$(式中 C_V 为定容摩尔热容量,γ 为气体摩尔数)计算理想气体内能增量时,此式（　　）.
   A. 只适用于准静态的等容过程　　　　B. 只适用于一切等容过程
   C. 只适用于一切准静态过程　　　　　D. 适用于一切始末态为平衡态的过程

3. 对一定量的理想气体,下列所述过程中不可能发生的是（　　）.
   A. 从外界吸热,但温度降低　　　　　B. 对外做功且同时吸热
   C. 吸热且同时体积被压缩　　　　　　D. 等温下的绝热膨胀

4. 如图2所示的三个过程中,$a \to c$ 为等温过程,则有（　　）.
   A. $a \to b$ 过程 $\Delta E < 0$,$a \to d$ 过程 $\Delta E < 0$　　B. $a \to b$ 过程 $\Delta E > 0$,$a \to d$ 过程 $\Delta E < 0$
   C. $a \to b$ 过程 $\Delta E < 0$,$a \to d$ 过程 $\Delta E > 0$　　D. $a \to b$ 过程 $\Delta E > 0$,$a \to d$ 过程 $\Delta E > 0$

5. 如图3所示,Oa,Ob 为一定质量的理想气体的两条等容线,若气体由状态 A 等压地变化到状态 B,则在此过程中有（　　）.
   A. $A = 0$,$Q > 0$,$\Delta E > 0$　　　　　　B. $A < 0$,$Q > 0$,$\Delta E < 0$
   C. $A > 0$,$Q > 0$,$\Delta E > 0$　　　　　　D. $A = 0$,$Q < 0$,$\Delta E < 0$

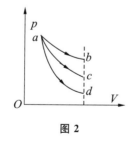

图2

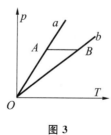

图3

6. 气缸中有一定量的氦气(视为理想气体),经过绝热压缩,体积变为原来的一半,则气体分子的平均速率变为原来的（　　）.
   A. $2^{2/5}$　　　　B. $2^{1/5}$　　　　C. $2^{2/3}$　　　　D. $2^{1/3}$

二、填空题

1. 一个气缸内储有 10 mol 的单原子理想气体,在压缩过程中外界做功 209 J,气体温度升高了 1 K,则气体内能的增量 $\Delta E =$ _____,气体吸收热量 $Q =$ _____.

2. 一定质量的理想气体在两等温线之间做由 $a \to b$ 的绝热变化,如图4所示.设在 $a \to b$ 过

程中,内能的增量为 ΔE,对外做功为 W,从外界吸收的热为 Q,则在这几个量中,符号为正的量是_____,符号为负的量是_____,等于零的量是_____.

3. 1 kg、100 ℃ 的水,冷却到 0 ℃,则它的内能改变 $\Delta E=$_____.
1 cm³ 的 100 ℃ 的水,在 1 atm 下加热,变为 1 671 cm³ 的同温度的水蒸气(水的汽化热是 539 cal/g),内能改变 $\Delta E=$_____.

4. 在常温常压下,一定量的某种理想气体(视为刚性分子,自由度为 i),在等压过程中吸热为 Q,对外做功为 W,内能增加为 ΔE,则 $W/Q=$_____,$\Delta E/Q=$_____.

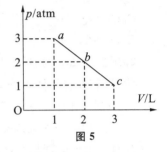

图 4

三、计算题

1. 一定量的理想气体,由状态 a 经 b 到达 c. 如图 5 所示,abc 为一条直线. 求此过程中:
   (1) 气体对外做的功;
   (2) 气体内能的增量;
   (3) 气体吸收的热量. (1 atm=1.013×10⁵ Pa)

2. 2 mol 单原子分子的理想气体,开始时处于压强 $p_1=10$ atm、温度 $T_1=400$ K 的平衡态,后经过一个绝热过程,压强变为 $p_2=2$ atm,求在此过程中气体对外做的功.

班级_____ 姓名_____ 序号_____ 成绩_____

练习10 循环过程 卡诺循环

一、选择题

1. 一定量理想气体经历的循环过程用 V-T 曲线表示如图1所示,在此循环过程中,气体从外界吸热的过程是( ).

A. $A \to B$　　　　　　　　　B. $B \to C$

C. $C \to A$　　　　　　　　　D. $B \to C$ 和 $C \to A$

2. 理想气体卡诺循环过程的两条绝热线下的面积大小(图2中的阴影部分)分别为 S_1 和 S_2,则两者的大小关系是( ).

A. $S_1 > S_2$　　　　　　　　B. $S_1 = S_2$

C. $S_1 < S_2$　　　　　　　　D. 无法确定

3. 某理想气体,初态温度为 T,体积为 V,先绝热变化使体积变为 $2V$,再等容变化使温度恢复到 T,最后等温变化使气体回到初态,则在整个循环过程中,气体( ).

A. 向外界放热　　　　　　　B. 从外界吸热

C. 对外界做正功　　　　　　D. 内能减少

图1

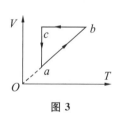

图2

图3

4. 一定量的理想气体完成一个循环过程 abca,如图3所示. 如改用 p-V 图或 p-T 图表示这一循环,以下四组图中,正确的是( ).

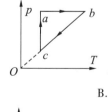

A.

B.

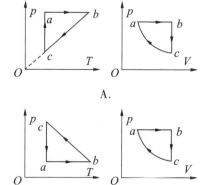

C.

D.

5. 如图4所示,工作物质经 $a\mathrm{I}b$(直线过程)与 $b\mathrm{II}a$ 组成一个循环过程,已知在过程 $a\mathrm{I}b$ 中,工作物质与外界交换的净热量为 Q,$b\mathrm{II}a$ 为绝热过程,在 p-V 图上该循环闭合曲线所包围的面积为 A,则循环的效率为(   ).

A. $\eta = A/Q$
B. $\eta = 1 - T_2/T_1$
C. $\eta < A/Q$
D. $\eta > A/Q$
E. 以上答案均不对

6. 一个绝热密封容器,用隔板分成相等的两部分,左边盛有一定量的理想气体,压强为 p_0,右边为真空,如图5所示.今将隔板抽去,气体自由膨胀,则气体达到平衡时,气体的压强是(下列各式中 $\gamma = C_P/C_V$)(   ).

A. $p_0/2^\gamma$
B. $2^\gamma p_0$
C. p_0
D. $p_0/2$

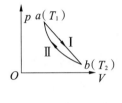
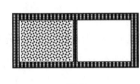

图4   图5

二、填空题

1. 如图6的卡诺循环:(1)$abcda$,(2)$dcefd$,(3)$abefa$,其效率分别为:

$\eta_1 = $ _____ ;

$\eta_2 = $ _____ ;

$\eta_3 = $ _____ .

2. 卡诺致冷机的低温热源温度为 $T_2 = 300$ K,高温热源温度为 $T_1 = 450$ K,每一个循环从低温热源吸热 $Q_2 = 400$ J,已知该致冷机的致冷系数 $e = Q_2/W = T_2/(T_1 - T_2)$(式中 W 为外界对系统做的功),则每一个循环中外界必须做功 $W = $ _____ .

3. 1 mol 理想气体(设 $\gamma = C_p/C_V$ 为已知)的循环过程如图7的 T-V 图所示,其中 CA 为绝热过程,A 点状态参量 (T_1, V_1) 和 B 点的状态参量 (T_1, V_2) 为已知,试求 C 点的状态量:$V_C = $ _____ ;$T_C = $ _____ ;$p_C = $ _____ .

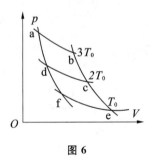
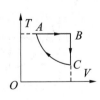

图6   图7

4. 一个卡诺热机低温热源的温度为 27 ℃,效率为 40%,高温热源的温度 $T_1 = $ _____ .

三、计算题

1. 1 mol 单原子分子理想气体的循环过程如图 8 的 T-V 图所示,其中 c 点的温度为 $T_c = 600$ K,试求:

(1) ab、bc、ca 各个过程系统吸收的热量;

(2) 循环的效率.(注:$\ln 2 = 0.693$)

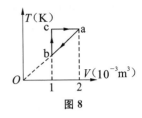

图 8

2. 汽缸内储有 36 g 水蒸气(水蒸气视为刚性分子理想气体),经 $abcda$ 循环过程,如图 9 所示. 其中 ab、cd 为等容过程,bc 为等温过程,da 为等压过程. 试求循环效率.

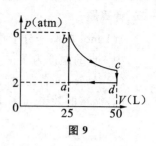

图 9

班级_____ 姓名_____ 序号_____ 成绩_____

练习11　热力学第二定律　卡诺定理

一、选择题

1. 在下列说法中,正确的是(　　).
(1)可逆过程一定是平衡过程.
(2)平衡过程一定是可逆的.
(3)不可逆过程一定是非平衡过程.
(4)非平衡过程一定是不可逆的.
A.(1)、(4)　　　　　　　　　　B.(2)、(3)
C.(1)、(2)、(3)、(4)　　　　　　D.(1)、(3)

2. 根据热力学第二定律可知(　　).
A. 功可以全部转换为热,但热不能全部转换为功
B. 热可以从高温物体传到低温物体,但不能从低温物体传到高温物体
C. 不可逆过程就是不能向相反方向进行的过程
D. 一切自发过程都是不可逆的

3. "理想气体和单一热源接触做等温膨胀时,吸收的热量全部用来对外做功."对此说法,有以下几种评论,正确的是(　　).
A. 不违反热力学第一定律,但违反热力学第二定律
B. 不违反热力学第二定律,但违反热力学第一定律
C. 不违反热力学第一定律,也不违反热力学第二定律
D. 违反热力学第一定律,也违反热力学第二定律

4. 气体由一定的初态绝热压缩到一定体积,一次缓缓地压缩,温度变化为 ΔT_1;另一次很快地压缩稳定后温度变化为 ΔT_2.其他条件都相同,则有(　　).
A. $\Delta T_1 = \Delta T_2$　　B. $\Delta T_1 < \Delta T_2$　　C. $\Delta T_1 > \Delta T_2$　　D. 无法判断

5. 一个绝热容器被隔板分成两半,一半是真空,另一半是理想气体.若把隔板抽出,气体将进行自由膨胀,达到平衡后(　　).
A. 温度不变,熵增加　　　　　　　B. 温度升高,熵增加
C. 温度降低,熵增加　　　　　　　D. 温度不变,熵不变

6. 如图1所示,当气缸中的活塞迅速向外移动从而使气体膨胀时,气体所经历的过程(　　).
A. 是平衡过程,它能用 p-V 图上的一条曲线表示
B. 不是平衡过程,但它能用 p-V 图上的一条曲线表示
C. 不是平衡过程,它不能用 p-V 图上的一条曲线表示
D. 是平衡过程,但它不能用 p-V 图上的一条曲线表示

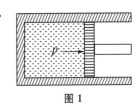

图 1

二、填空题

1. 两条绝热线能否相交? 答:_____相交.因为根据热力学第二定律,如果两条绝热线_____,就可以用_____条等温线与其组成一个循环,只从单一热源吸取热量,完

全变为有用功,而其他物体不发生变化,这违反热力学第二定律,故有前面的结论.

2. 1 mol 理想气体经过一等压过程,温度变为原来的两倍,设该气体的定压摩尔热容为 C_p,则此过程中气体熵的增量为_____.

3. 在一个孤立系统内,一切实际过程都向着_____的方向进行. 这就是热力学第二定律的统计意义. 从宏观上说,一切与热现象有关的实际过程都是_____.

4. 一定量的理想气体经节流膨胀后,其温度_____,熵_____.

三、计算题

计算 1 mol 理想气体绝热自由膨胀到原来体积的 10 倍时熵的增量.

四、讨论题

有人说:熵增加原理是"物系的熵永不减少"或"物系的熵在可逆过程中不变,在不可逆过程中增加". 这种说法是否正确? 如有错误请改正.

班级_____ 姓名_____ 序号_____ 成绩_____

练习 12　物质的微观模型　压强公式

一、选择题

1. 一个容器内储有 1 mol 氢气和 1 mol 氦气,若两种气体各自对器壁产生的压强分别为 p_1 和 p_2,则两者的大小关系是(　　).
   A. $p_1 > p_2$　　　B. $p_1 < p_2$　　　C. $p_1 = p_2$　　　D. 不确定的

2. 若理想气体的体积为 V,压强为 p,温度为 T,一个分子的质量为 m,k 为玻耳兹曼常量,R 为摩尔气体常量,则该理想气体的分子数为(　　).
   A. pV/m　　　B. $pV/(kT)$　　　C. $pV/(RT)$　　　D. $pV/(mT)$

3. 一定量的理想气体储于某一容器中,温度为 T,气体分子的质量为 m.根据理想气体的分子模型和统计假设,分子速度在 x 方向的分量平方的平均值为(　　).
   A. $\overline{v_x^2} = \sqrt{3kT/m}$　　　　　B. $\overline{v_x^2} = (1/3)\sqrt{3kT/m}$
   C. $\overline{v_x^2} = 3kT/m$　　　　　D. $\overline{v_x^2} = kT/m$

4. 下列各式中哪一式表示气体分子的平均平动动能?(式中 M 为气体的质量,m 为气体分子的质量,N 为气体分子总数目,n 为气体分子数密度,N_0 为阿伏伽德罗常数.)(　　)
   A. $[3m/(2M)]pV$　　　　　B. $[3M/(2M_{mol})]pV$
   C. $(3/2)npV$　　　　　D. $[3M_{mol}/(2M)]N_0pV$

5. 关于温度的意义,有下列几种说法.
   (1) 气体的温度是分子平动动能的量度.
   (2) 气体的温度是大量气体分子热运动的集体表现,具有统计意义.
   (3) 温度的不同反映物质内部分子运动剧烈程度的不同.
   (4) 从微观上看,气体的温度表示每个气体分子的冷热程度.
   上述说法中正确的是(　　).
   A. (1)、(2)、(4)　　　B. (1)、(2)、(3)　　　C. (2)、(3)、(4)　　　D. (1)、(3)、(4)

6. 已知氢气与氧气的温度相同,下列说法正确的是(　　).
   A. 氧分子的质量比氢分子大,所以氧气的压强一定大于氢气的压强
   B. 氧分子的质量比氢分子大,所以氧气的密度一定大于氢气的密度
   C. 氧分子的质量比氢分子大,所以氢分子的速率一定比氧分子的速率大
   D. 氧分子的质量比氢分子大,所以氢分子的方均根速率一定比氧分子的方均根速率大

二、填空题

1. 在容积为 10^{-2} m^3 的容器中,装有质量 100 g 的气体,若气体分子的方均根速率为 200 m/s,则气体的压强为_____.

2. 如图 1 所示,两个容器容积相等,分别储有相同质量的 N_2 和 O_2 气体,它们用光滑细管相连通,管子中置一小滴水银,两边的温度差为 30 K,当水银滴在正中不动时,N_2 的温度 $T_1 = $_____,$O_2$ 的温度 $T_2 = $_____.($N_2$ 的摩尔质量为 0.028 kg/mol,O_2 的摩尔质量为 0.032 kg/mol.)

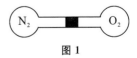

图 1

3.理想气体的分子模型是:(1)分子可以看作_____;(2)除碰撞时外,分子之间的力可以_____;(3)分子与分子的碰撞是_____碰撞.

4.一定量的理想气体储于某一容器中,温度为 T,气体分子的质量为 m. 根据理想气体分子模型和统计假设,分子速度在 x 方向的分量的下列平均值 $\overline{v_x}=$_____, $\overline{v_x^2}=$_____.

三、计算题

1.一瓶氢气和一瓶氧气温度相同.若氢气分子的平均平动动能为 6.21×10^{-21} J.试求:

(1) 氧气分子的平均平动动能和方均根速率;

(2) 氧气的温度.

2.一个容积为 10 cm³ 的电子管,当温度为 300 K 时,用真空泵把管内空气抽成压强为 5×10^{-6} mmHg的高真空,问此时管内有多少个空气分子?这些空气分子的平均平动动能的总和是多少?平均转动动能的总和是多少?平均动能的总和是多少?(760 mmHg = 1.013×10^5 Pa,空气分子可认为是刚性双原子分子)

班级_____ 姓名_____ 序号_____ 成绩_____

练习13 理想气体的内能 分布律 自由程

一、选择题

1.理想气体的内能是状态的单值函数,下面对理想气体内能的理解错误的是( ).
  A.气体处于一定状态,就具有一定的内能
  B.对应于某一状态的内能是可以直接测量的
  C.当理想气体的状态发生变化时,内能不一定随之变化
  D.只有当伴随着温度变化的状态变化时,内能才发生变化

2.两瓶质量密度 ρ 相等的氮气和氧气,若它们的方均根速率也相等,则( ).
  A.它们的压强 p 和温度 T 都相等
  B.它们的压强 p 和温度 T 都不等
  C.压强 p 相等,氧气的温度比氮气的高
  D.温度 T 相等,氧气的压强比氮气的高

3.密闭容器内储有 1 mol 氦气(视为理想气体),其温度为 T,若容器以速度 v 做匀速直线运动,则该气体的能量为( ).
  A.$3kT$ B.$3kT/2 + M_{mol}v^2/2$
  C.$3RT/2$ D.$3RT/2 + M_{mol}v^2/2$
  E.$5RT/2$

4.在标准状态下,若氢气(视为刚性双原子分子的理想气体)和氦气的体积比 $V_1/V_2 = 1/2$,则其内能之比 E_1/E_2 为( ).
  A.3/10   B.1/2   C.5/6   D.5/3

5.如图1所示为某种气体的速率分布曲线,则 $\int_{v_1}^{v_2} f(v) dv$ 表示速率介于 v_1 到 v_2 之间的( ).
  A.分子数
  B.分子的平均速率
  C.分子数占总分子数的百分比
  D.分子的方均根速率

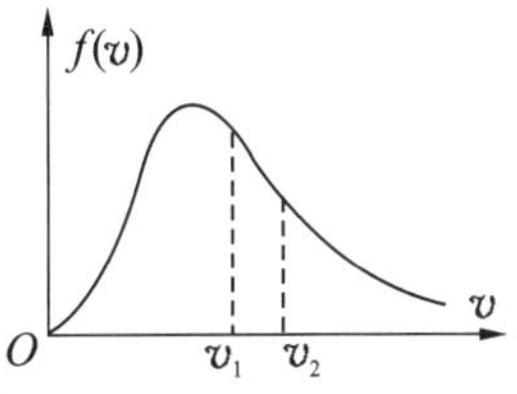

图1

6.一容器中存有一定量的理想气体,设分子的平均碰撞频率为 $\bar{z}$,平均自由程为 $\bar{\lambda}$,则当温度 T 升高时( ).
  A.$\bar{z}$ 增大,$\bar{\lambda}$ 减小   B.$\bar{z}$、$\bar{\lambda}$ 都不变   C.$\bar{z}$ 增大,$\bar{\lambda}$ 不变   D.$\bar{z}$、$\bar{\lambda}$ 都增大

二、填空题

1.质量为 6.2×10^{-14} g 的某种粒子悬浮于 27 ℃ 的气体中,观察到它们的方均根速率为 1.4 cm/s,则该种粒子的平均速率为_____.(设粒子遵守麦克斯韦速率分布律.)

2.如图2所示两条曲线(1)和(2),分别定性地表示一定量的某种理想气体不同温度下的速率分布曲线,对应温度高的曲线是_____.若图中两条曲线定性地表示相同温度下的氢气和氧

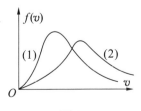

图2

气的速率分布曲线,则表示氧气速率分布曲线的是_____.

3. A、B、C 三个容器中装有同一种理想气体,其分子数密度之比为 $n_A:n_B:n_C=4:2:1$,而分子的方均根速率之比为 $\sqrt{\overline{v_A^2}}:\sqrt{\overline{v_B^2}}:\sqrt{\overline{v_C^2}}=1:2:4$。则它们压强之比 $p_A:p_B:p_C=$_____.

4. 在理想气体等容过程中,其分子平均自由程与温度的关系为_____,理想气体等压过程中,其分子平均自由程与温度的关系为_____.

三、计算题

1. 一个容器储有氧气,其压强 $p=1.0$ atm,温度为 $t=27\ ℃$. 求:

(1) 氧气的质量密度 ρ;

(2) 氧分子的平均动能;

(3) 氧分子的平均距离.(氧分子质量 $m=5.35\times 10^{-26}$ kg)

2. 设分子速率的分布函数 $f(v)$ 为

$$f(v)=\begin{cases} Av(100-v) & (v<100) \\ 0 & (v\geqslant 100) \end{cases} \quad (SI)$$

求:归一化常数 A 的值及分子的方均根速率.

班级_____ 姓名_____ 序号_____ 成绩_____

练习14 谐 振 动

一、选择题

1. 一个质点做简谐振动,振动方程为 $x=\cos(\omega t+\varphi)$,当时间 $t=T/2$（T 为周期）时,质点的速度为(   ).

   A. $A\cos(\omega t+\varphi)$ B. $-A\omega\sin\varphi$ C. $-A\omega\cos\varphi$ D. $A\omega\cos\varphi$

2. 把单摆摆球从平衡位置向位移正方向拉开,使摆线与竖直方向成一个微小角度 θ,然后由静止放手任其振动,从放手时开始计时,若用余弦函数表示其运动方程,则该单摆振动的初位相为(   ).

   A. θ B. π C. 0   D. $\pi/2$

3. 两个质点各自做简谐振动,它们的振幅相同、周期相同,第一个质点的振动方程为 $x_1=A\cos(\omega t+\alpha)$.当第一个质点从相对平衡位置的正位移处回到平衡位置时,第二个质点正在最大位移处,则第二个质点的振动方程为(   ).

   A. $x_2=A\cos(\omega t+\alpha+\pi/2)$ B. $x_2=A\cos(\omega t+\alpha-\pi/2)$
   C. $x_2=A\cos(\omega t+\alpha-3\pi/2)$ D. $x_2=A\cos(\omega t+\alpha+\pi)$

4. 轻弹簧上端固定,下系一个质量为 m_1 的物体,稳定后在 m_1 的下边又系一个质量为 m_2 的物体,于是弹簧又伸长了 Δx,若将 m_2 移去,并令其振动,则振动周期为(   ).

   A. $T=2\pi\sqrt{\dfrac{m_2\Delta x}{m_1 g}}$ B. $T=2\pi\sqrt{\dfrac{m_2\Delta x}{(m_1+m_2)g}}$
   C. $T=\dfrac{1}{2\pi}\sqrt{\dfrac{m_1\Delta x}{m_2 g}}$ D. $T=2\pi\sqrt{\dfrac{m_1\Delta x}{m_2 g}}$

5. 一个质点做简谐振动,振幅为 A,在起始时刻质点的位移为 $A/2$,且向 x 轴的正方向运动,代表此简谐振动的旋转矢量图为图1中的(   ).

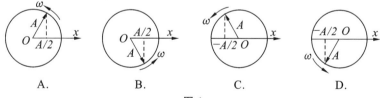

A.   B.   C.   D.

图 1

6. 把一个在地球上走得很准的摆钟搬到月球上,取月球上的重力加速度为 $g/6$,这个钟的分针走过一周,实际上所经历的时间是(   ).

   A. 6 小时   B. $\sqrt{6}$ 小时   C. $1/6$ 小时   D. $\sqrt{6}/6$ 小时

二、填空题

1. 用 40 N 的力拉一个轻弹簧,可使其伸长 20 cm,此弹簧下应挂_____kg 的物体,才能使弹簧振子做简谐振动的周期 $T=0.2\pi$ s.

2. 一个质点沿 x 轴做简谐振动,振动范围的中心点为 x 轴的原点. 已知周期为 T,振幅为 A.
   (1)若 $t=0$ 时,质点过 $x=0$ 处,且朝 x 轴正方向运动,则振动方程为 $x=$_____
   _____.

29

(2)若 $t=0$ 时,质点处于 $x=A/2$ 处,且朝 x 轴负方向运动,则振动方程为 $x=$ _____.

3. 一个质点做简谐振动的圆频率为 ω,振幅为 A. 当 $t=0$ 时,质点位于 $x=A/2$ 处,且朝 x 轴正方向运动,试画出此振动的旋转矢量图_____.

4. 一个复摆做简谐振动时,角位移随时间的关系为 $\theta=0.1\cos(0.2t+0.5)$,式中各量均为 SI 制,则刚体振动的角频率 $\omega=$_____,刚体运动的角速度 $\Omega=\mathrm{d}\theta/\mathrm{d}t=$_____,角速度的最大值 $\Omega_{\max}=$_____.

三、计算题

1. 在一个轻弹簧下端悬挂 $m_0=100$ g 的砝码时,弹簧伸长 8 cm,现在这根弹簧下端悬挂 $m=250$ g 的物体,构成弹簧振子. 将物体从平衡位置向下拉动 4 cm,并给以向上的 21 cm/s 的初速度(这时 $t=0$),选 x 轴向下,求振动方程的数值式.

2. 一个质量为 0.20 kg 的质点做简谐振动,其运动方程为 $x=0.60\cos(5t-\pi/2)$ (SI). 求:
(1) 质点的初速度;
(2) 质点在正向最大位移一半处所受的力.

班级_____ 姓名_____ 序号_____ 成绩_____

练习15 谐振动能量 谐振动合成

一、选择题

1. 一根劲度系数为 k 的轻弹簧截成三等份,取出其中的两根,将它们并联在一起,下面挂一个质量为 m 的物体,如图1所示,则振动系统的频率为(　　).

A. $\dfrac{1}{2\pi}\sqrt{\dfrac{k}{m}}$　　B. $\dfrac{1}{2\pi}\sqrt{\dfrac{6k}{m}}$　　C. $\dfrac{1}{2\pi}\sqrt{\dfrac{3k}{m}}$　　D. $\dfrac{1}{2\pi}\sqrt{\dfrac{k}{3m}}$

2. 用余弦函数描述一简谐振动,已知振幅为 A,周期为 T,初位相 $\varphi = -\pi/3$,则振动曲线为图2中的(　　).

图1

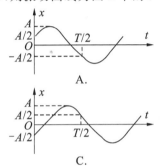
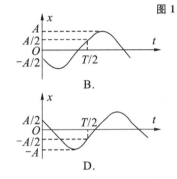

图2

3. 弹簧振子在光滑水平面上做简谐振动时,弹性力在半个周期内所做的功为(　　).
A. kA^2　　B. $kA^2/2$　　C. $kA^2/4$　　D. 0

4. 一个质点做谐振动,振动方程为 $x = A\cos(\omega t + \varphi)$,在求质点振动动能时,得出下面5个表达式:

(1) $(1/2)m\omega^2 A^2 \sin^2(\omega t + \varphi)$　　(2) $(1/2)m\omega^2 A^2 \cos^2(\omega t + \varphi)$
(3) $(1/2)kA^2 \sin(\omega t + \varphi)$　　(4) $(1/2)kA^2 \cos^2(\omega t + \varphi)$
(5) $(2\pi^2/T^2)mA^2 \sin^2(\omega t + \varphi)$

其中 m 是质点的质量,k 是弹簧的劲度系数,T 是振动的周期.下面结论中正确的是(　　).

A. (1),(4)是对的　　B. (2),(4)是对的　　C. (1),(5)是对的　　D. (3),(5)是对的
E. (2),(5)是对的

5. 劲度系数分别为 k_1 和 k_2 的两个轻弹簧,各与质量为 m_1 和 m_2 的重物连成弹簧振子,然后将两个振子串联悬挂并使之振动起来,如图3所示,若 k_1/m_1 与 k_2/m_2 接近,实验上会观察到"拍"的现象,则"拍"的周期应为(　　).

A. $2\pi/(\sqrt{k_1/m_1} + \sqrt{k_2/m_2})$　　B. $2\pi\sqrt{k_1/m_1} + \sqrt{k_2/m_2}$
C. $2\pi/|\sqrt{k_1/m_1} + \sqrt{k_2/m_2}|$　　D. $[1/(2\pi)]\sqrt{k_1/m_1} + \sqrt{k_2/m_2}$

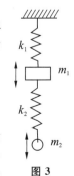

图3

6. 要测一个音叉的固有频率,可选择一标准音叉,同时敲打它们,耳朵听到的声音是这两音叉引起耳膜振动的合成.今选得的标准音叉的固有频率为 $\nu_0 = 632$ Hz,敲打待测音叉与已知音叉后听到的声音在10 s内有5次变强,则待测

音叉的频率 ν ( ).

A. 一定等于 634 Hz　　　B. 一定等于 630 Hz　　　C. 可能等于 632 Hz

D. 不肯定. 如果在待测音叉上加一小块橡皮泥后敲打测得拍频变小, 则肯定待测音叉的固有频率为 634 Hz

二、填空题

1. 一个做简谐振动的振动系统, 其质量为 2 kg, 频率为 1 000 Hz, 振幅为 0.5 cm, 则其振动能量为_____.

2. 两个同方向的简谐振动曲线如图 4 所示, 合振动的振幅为_____, 合振动的振动方程为_____.

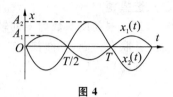

图 4

3. 一个质点同时参与了两个同方向的简谐振动, 它们的振动方程分别为

$$x_1 = 0.05\cos(\omega t + \pi/4) \quad \text{(SI)}$$
$$x_2 = 0.05\cos(\omega t + 19\pi/12) \quad \text{(SI)}$$

其合成运动的运动方程为 $x = $_____.

4. 若两个同方向、不同频率的谐振动的表达式分别为

$$x_1 = A\cos 10\pi t \text{(SI)} \quad \text{与} \quad x_2 = A\cos 12\pi t \text{(SI)}$$

则它们的合振动的频率为_____, 每秒的拍数为_____.

三、计算题

1. 一个质量为 M、长为 L 的均匀细杆, 上端挂在无摩擦的水平轴上, 杆下端用一个弹簧连在墙上, 如图 5 所示. 弹簧的劲度系数为 k. 当杆竖直静止时弹簧处于水平原长状态, 求杆做微小振动的周期(杆绕过一端点且垂直杆的轴的转动惯量为 $ML^2/3$).

图 5

2. 一个质点同时参与两个同方向的简谐振动, 其振动方程分别为

$$x_1 = 5 \times 10^{-2}\cos(4t + \pi/3) \quad \text{(SI)}$$
$$x_2 = 3 \times 10^{-2}\sin(4t - \pi/6) \quad \text{(SI)}$$

画出两振动的旋转矢量图, 并求合成振动的振动方程.

练习16　共振　波动方程

一、选择题

1.有一个悬挂的弹簧振子,振子是一个条形磁铁,当振子上下振动时,条形磁铁穿过一个闭合圆线圈 A(见图1),则此振子做(　　).
A.等幅振动　　　　　　　　B.阻尼振动
C.受迫振动　　　　　　　　D.增幅振动

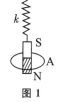

图1

2.频率为 100 Hz,传播速度为 300 m/s 的平面简谐波,波线上两点振动的相位差为 $\pi/3$,则此两点相距(　　).
A.2 m　　　　　　　　　　B.2.19 m
C.0.5 m　　　　　　　　　D.28.6 m

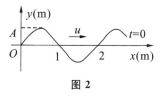

图2

3.一列圆频率为 ω 的简谐波沿 x 轴的正方向传播,$t=0$ 时刻的波形如图2所示.则 $t=0$ 时刻,x 轴上各质点的振动速度 v 与坐标 x 的关系图应为图3中哪一项(　　).

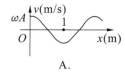
A.

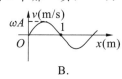
B.

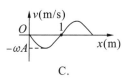
C.

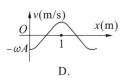
D.

图3

4.一列平面简谐波沿 x 轴负方向传播,已知 $x=x_0$ 处质点的振动方程为 $y=A\cos(\omega t+\varphi_0)$.若波速为 u,则此波的波动方程为(　　).
A. $y=A\cos\{\omega[t-(x_0-x)/u]+\varphi_0\}$
B. $y=A\cos\{\omega[t-(x-x_0)/u]+\varphi_0\}$
C. $y=A\cos\{\omega t-[(x_0-x)/u]+\varphi_0\}$
D. $y=A\cos\{\omega t+[(x_0-x)/u]+\varphi_0\}$

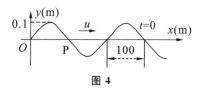

图4

5.如图4所示为一列平面简谐波在 $t=0$ 时刻的波形图,该波的波速 $u=200$ m/s,则 P 处质点的振动曲线为下列哪一项所画出的曲线(　　).

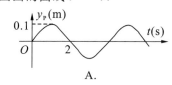
A.

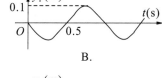
B.

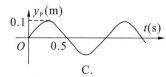
C.

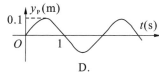
D.

6.火车沿水平轨道以加速度 a 做匀加速直线运动,则车厢中摆长为 l 的单摆的周期为(　　).

A. $2\pi\sqrt{\sqrt{(a^2+g^2)}/l}$ B. $2\pi\sqrt{l/\sqrt{(a^2+g^2)}}$
C. $2\pi\sqrt{(a+g)/l}$ D. $2\pi\sqrt{l/(a+g)}$

二、填空题

1. 一列余弦横波以速度 u 沿 x 轴正方向传播，t 时刻波形曲线如图5所示，试分别指出图中 A、B、C 各质点在该时刻的运动方向：A_____，B_____，C_____。

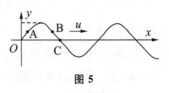

图 5

2. 已知一列平面简谐波沿 x 轴正向传播，振动周期 $T=0.5$ s，波长 $\lambda=10$ m，振幅 $A=0.1$ m。当 $t=0$ 时波源振动的位移恰好为正的最大值。若波源处为原点，则沿波传播方向距离波源为 $\lambda/2$ 处的振动方程为 $y=$ _____；当 $t=T/2$ 时，$x=\lambda/4$ 处质点的振动速度为 _____。

3. 一列简谐波的频率为 5×10^4 Hz，波速为 1.5×10^3 m/s，在传播路径上相距 5×10^{-3} m 的两点之间的振动相位差为 _____。

4. A、B 是简谐波波线上的两点，已知 B 点的位相比 A 点落后 $\pi/3$，A、B 两点相距 0.5 m，波的频率为 100 Hz，则该波的波长 $\lambda=$ _____ m，波速 $u=$ _____ m/s。

三、计算题

1. 图6所示一列平面简谐波在 $t=0$ 时刻的波形图，求
(1) 该波的波动方程；
(2) P 处质点的振动方程。

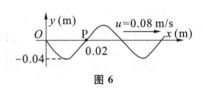

图 6

2. 某质点做简谐振动，周期为 2 s，振幅为 0.06 m，开始计时（$t=0$）时，质点恰好处在负向最大位移处，求：
(1) 该质点的振动方程；
(2) 此振动以速度 $u=2$ m/s 沿 x 轴正方向传播时，形成的一维简谐波的波动方程；
(3) 该波的波长。

班级_____ 姓名_____ 序号_____ 成绩_____

练习17　波的能量　波的干涉

一、选择题

1.一列平面简谐波,波速 $u=5$ m·s^{-1}.$t=3$ s 时波形曲线如图1.则 $x=0$ 处的振动方程为(　　).

   A. $y=2\times10^{-2}\cos(\pi t/2-\pi/2)$(SI)　　　B. $y=2\times10^{-2}\cos(\pi t+\pi)$(SI)

   C. $y=2\times10^{-2}\cos(\pi t/2+\pi/2)$(SI)　　　D. $y=2\times10^{-2}\cos(\pi t-3\pi/2)$(SI)

2.一列机械横波在 t 时刻波形曲线如图2所示,则该时刻能量为最大值的媒质质元的位置是(　　).

   A. o',b,d,f　　　B. a,c,e,g　　　C. o',d　　　D. b,f

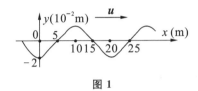

图1

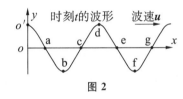

图2

3.一列平面简谐波在弹性媒质中传播,在某一瞬时,媒质中某质元正处于平衡位置,此时它的能量是(　　).

   A. 动能为零,势能最大　　　B. 动能为零,势能为零

   C. 动能最大,势能最大　　　D. 动能最大,势能为零

4.如图3所示为一列平面简谐机械波在 t 时刻的波形曲线.若此时 A 点处媒质质元的振动动能在增大,则(　　).

   A. A 点处质元的弹性势能在减小　　　B. 各点的波的能量密度都不随时间变化

   C. B 点处质元的振动动能在减小　　　D. 波沿 x 轴负方向传播

5.如图4所示,两个相干波源 s_1 和 s_2 相距 $\lambda/4$(λ 为波长),s_1 的位相比 s_2 的位相超前 $\pi/2$,在 s_1、s_2 的连线上,s_1 外侧各点(例如 P 点)两列波引起的两谐振动的位相差是(　　).

   A. 0　　　B. π　　　C. $\pi/2$　　　D. $3\pi/2$

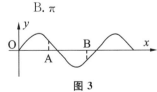

图3

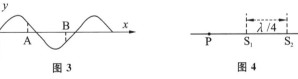

图4

6.两列相干波分别沿 BP、CP 方向传播,它们在 B 点和 C 点的振动表达式分别为

$$y_B=0.2\cos2\pi t(\text{SI}) \text{ 和 } y_C=0.3\cos(2\pi t+\pi)(\text{SI})$$

已知 $BP=0.4$ m,$CP=0.5$ m,波速 $u=0.2$ m/s,则 P 点合振动的振幅为(　　).

   A. 0.2 m　　　B. 0.3 m　　　C. 0.5 m　　　D. 0.1 m

二、填空题

1.一列平面简谐波沿 x 轴正方向无衰减地传播,波的振幅为 2×10^{-3} m,周期为 0.01 s,波速为 400 m/s,当 $t=0$ 时 x 轴原点处的质元正通过平衡位置向 y 轴正方向运动,则该简谐

波的表达式为_____.

2. 一个点波源位于 O 点,以 O 为圆心作两个同心球面,它们的半径分别为 R_1 和 R_2. 在两个球面上分别取相等的面积 ΔS_1 和 ΔS_2,则通过它们的平均能流之比 $\overline{P}_1/\overline{P}_2 = $ _____.

3. 如图 5 所示,在平面波传播方向上有一个障碍物 AB,根据惠更斯原理,定性地绘出波绕过障碍物传播的情况_____.

4. 一列平面简谐机械波在媒质中传播时,若某媒质元在 t 时刻的能量是 10 J,则在 $(t+T)$ (T 为波的周期)时刻该媒质质元的振动动能是_____.

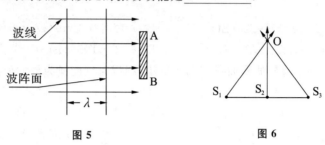

图 5　　　　　　**图 6**

三、计算题

1. 如图 6 所示,三个同频率、振动方向相同(垂直纸面)的简谐波,在传播过程中在 O 点相遇,若三个简谐波各自单独在 S_1、S_2 和 S_3 的振动方程分别为

$$y_1 = A\cos(\omega t + \pi/2)$$
$$y_2 = A\cos \omega t$$
$$y_3 = 2A\cos(\omega t - \pi/2)$$

且 $S_2O = 4\lambda$, $S_1O = S_3O = 5\lambda$ (λ 为波长),求 O 点的合成振动方程(设传播过程中各波振幅不变).

2. 如图 7，两列相干波在 P 点相遇，一列波在 B 点引起的振动是
$$y_{10}=3\times 10^{-3}\cos 2\pi t \text{ (SI)}$$
另一列波在 C 点引起的振动是
$$y_{20}=3\times 10^{-3}\cos(2\pi t+\pi/2)\text{(SI)}$$
$\overline{BP}=0.45$ m，$\overline{CP}=0.30$ m，两列波的传播速度 $u=0.20$ m/s，不考虑传播中振幅的减小，求 P 点合振动的振动方程．

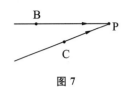

图 7

班级_____ 姓名_____ 序号_____ 成绩_____

练习18 驻波 多普勒效应

一、选择题

1. 在波长为 λ 的驻波中,两个相邻波腹之间的距离为(   ).
   A. $\lambda/4$ B. $\lambda/2$ C. $3\lambda/4$ D. λ

2. 某时刻驻波波形曲线如图1所示,则 a、b 两点的相位差是 (   ).
   A. π B. $\pi/2$
   C. $5\pi/4$ D. 0

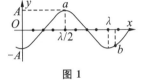

图1

3. 沿相反方向传播的两列相干波,其波动方程为
$$y_1 = A\cos 2\pi(vt - x/\lambda)$$
$$y_2 = A\cos 2\pi(vt + x/\lambda)$$
叠加后形成的驻波中,波节的位置坐标为(   )(其中 $k=0,1,2,\cdots$).
   A. $x = \pm k\lambda$ B. $x = \pm k\lambda/2$
   C. $x = \pm(2k+1)\lambda/2$ D. $x = \pm(2k+1)\lambda/4$

4. 如果在长为 L、两端固定的弦线上形成驻波,则此驻波的基频波的波长为(   ).
   A. $L/2$ B. L C. $3L/2$ D. $2L$

5. 一辆机车的汽笛频率为750 Hz,机车以时速90 km远离静止的观察者,观察者听到声音的频率是(设空气中声速为340 m/s)(   ).
   A. 699 Hz   B. 810 Hz   C. 805 Hz   D. 695 Hz

6. 关于半波损失,以下说法错误的是(   ).
   A. 在反射波中总会产生半波损失
   B. 在折射波中总不会产生半波损失
   C. 只有当波从波疏媒质向波密媒质入射时,反射波中才产生半波损失
   D. 半波损失的实质是振动相位突变了 π

二、填空题

1. 设平面简谐波沿 x 轴传播时在 $x=0$ 处发生反射,反射波的表达式为
$$y_2 = A\cos[2\pi(vt - x/\lambda) + \pi/2]$$
已知反射点为一个自由端,则由入射波和反射波形成驻波波节的位置坐标为_____.

2. 设沿弦线传播的一入射波的表达式是
$$y_1 = A\cos[2\pi(vt - x/\lambda) + \varphi]$$
在 $x=L$ 处(B点)发生反射,反射点为固定端(见图2),设波在传播和反射过程中振幅不变,则弦线上形成的驻波表达式为
$y = $ _____.

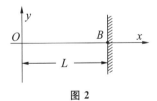

图2

3. 相对于空气为静止的声源振动频率为 v_s,接收器 R 以速率 v_R 远离声源,设声波在空气中传播速度为 u,那么接收器收到的声波频率 $v_R = $ _____.

4. 为测定某音叉 C 的频率,选取频率已知且与 C 接近的另两个音叉 A 和 B,已知 A 的频率

为 800 Hz,B 的频率是 797 Hz,进行下面试验:

第一步,使音叉 A 和 C 同时振动,测得拍频为每秒 2 次;

第二步,使音叉 B 和 C 同时振动,测得拍频为每秒 5 次.

由此可确定音叉 C 的频率为_____.

三、计算题

1. 在绳上传播的入射波方程为 $y_1 = A\cos(\omega t + 2\pi x/\lambda)$. 入射波在 $x = 0$ 处的绳端反射,反射端为自由端,设反射波不衰减,求驻波方程.

2. 设入射波的方程式为 $y_1 = A\cos 2\pi(x/\lambda + t/T)$. 在 $x = 0$ 处发生反射,反射点为一个固定端,设反射时无能量损失,求:(1)反射波的方程式;(2)合成的驻波方程式;(3)波腹和波节的位置.

班级_____ 姓名_____ 序号_____ 成绩_____

练习19　几何光学基本定律　球面反射和折射

一、选择题

1. 如图1所示，是实际景物的俯视图，平面镜AB宽1 m，在镜的右前方站着一个人甲，另一个人乙沿着镜面的中垂线走近平面镜，若欲使甲乙能互相看到对方在镜中的虚像，则乙与镜面的最大距离是(　　)．

A. 0.25 m

B. 0.5 m

C. 0.75 m

D. 1 m

2. 如图2所示，水平地面与竖直墙面的交点为O点，质点A位于离地面高NO，离墙远MO处，在质点A的位置放一个点光源S，后来，质点A被水平抛出，恰好落在O点，不计空气阻力，那么在质点在空中运动的过程中，它在墙上的影子将由上向下运动，其运动情况是(　　)．

A. 相等的时间内位移相等

B. 自由落体

C. 初速度为零的匀加速直线运动，加速度$a<g$

D. 变加速直线运动

3. 如图3所示，两束频率不同的光束A和B分别沿半径方向射入半圆形玻璃砖，出射光线都是OP方向，下面正确的是(　　)．

A. 穿过玻璃砖所需的时间较长

B. 光由玻璃射向空气发生全反射时，A的临界角小

C. 光由玻璃射向空气发生全反射时，B的临界角小

D. 以上都不对

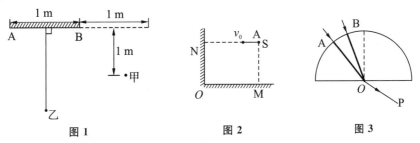

图1　　　　图2　　　　图3

4. 水的折射率为4/3，在水面下有一个点光源，在水面上看到一个圆形透光面，若看到透光面圆心位置不变而半径不断减少，则下面正确的说法是(　　)．

A. 光源上浮

B. 光源下沉

C. 光源静止

D. 以上都不对

5. 如图4所示,半圆形玻璃砖的半径为R,直径MN,一细束白光从Q点垂直于直径MN的方向射入半圆形玻璃砖,从玻璃砖的圆弧面射出后,打到光屏P上,得到由红到紫的彩色光带. 已知$QM=R/2$. 如果保持入射光线和屏的位置不变,只使半圆形玻璃砖沿直径方向向上或向下移动,移动的距离小于$R/2$,则有(   ).

A. 半圆形玻璃砖向上移动的过程中,屏上红光最先消失

B. 半圆形玻璃砖向上移动的过程中,屏上紫光最先消失

C. 半圆形玻璃砖向下移动的过程中,屏上红光最先消失

D. 半圆形玻璃砖向下移动的过程中,屏上紫光最先消失

6. 下面关于几何光学的几本定律陈述不正确的是(   ).

A. 光是沿直线传播方向传播的,"小孔成像"即是运用这一定律的很好例子

B. 不同光源发出的光在空间某点相遇时,彼此不影响各光束独立传播

C. 在反射定律中,反射光线和入射光线位于法线两侧,且反射角与入射角绝对值相等

D. 光线从光疏介质向光密介质入射,也能产生全反射

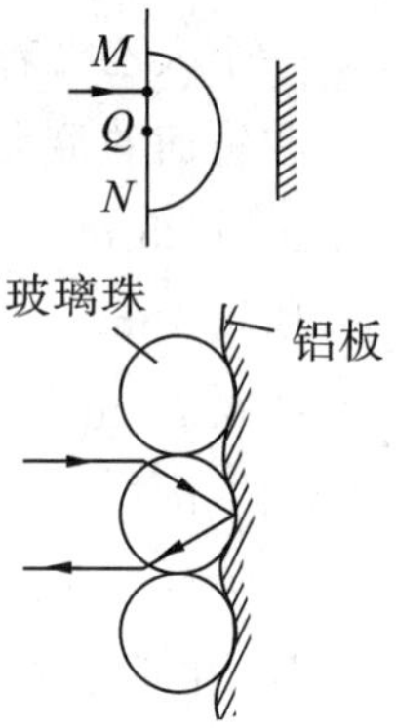

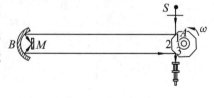

图4

二、填空题

1. 现在高速公路上的标志牌都用"回归反光膜"制成,夜间行车时,它能使车灯射出的光逆向返回,标志牌上的字特别醒目. 这种"回归反光膜"是用球体反射元件制成的,反光膜内均匀分布着直径为10 μm的细玻璃珠,所用玻璃的折射率为$\sqrt{3}$,为使入射的车灯光线经玻璃珠折射→反射→再折射后恰好和入射光线平行,那么第一次入射的入射角应为_____.

2. 1923年美国物理学家迈克耳逊用旋转棱镜法较准确地测出了光速,其过程大致如下,选择两个距离已经精确测量过的山峰(距离为L),在第一个山峰上装一个强光源S,由它发出的光经过狭缝射在八面镜的镜面1上,被反射到放在第二个山峰的凹面镜B上,再由凹面镜B反射回第一个山峰,如果八面镜静止不动,反射回来的光就在八面镜的另外一个面3上再次反射,经过望远镜,进入观测者的眼中. 如图5所示,如果八面镜在电动机带动下从静止开始由慢到快转动,当八面镜的转速为ω时,就可以在望远镜里重新看到光源的像,那么光速等于_____.

3. 玻璃对红光的折射率为n_1,对紫光的折射率为n_2,紫光在玻璃中传播距离为L时,在同一时间里,红光在玻璃中的传播距离为_____.

4. 光学系统成完善像应满足的三个等价条件分别是入射波面是球面波时,出射波面也是球面波、物点及其像点之间任意两条光路的光程相等和_____.

图5

三、计算题

1. 玻璃棒($n=1.5$)的一端成半球形,其曲率半径为 2 cm,沿着棒的轴线离球面顶点 8 cm 处的棒中有一个物体.求像的位置.

2. 一个直径为 200 mm 的玻璃球，折射率为 1.53，球内有两个小气泡，看来一个恰好在球心，另一个在球表面和中心之间．求两气泡的实际位置．

班级_____ 姓名_____ 序号_____ 成绩_____

练习20 薄透镜 显微镜 望远镜

一、选择题

1.下列说法正确的是(　　).

①物与折射光在同一侧介质中是实物且物距为正;与入射光在同一侧介质中是虚物且物距为负.

②虚像像距小于零,且一定与折射光不在同一侧介质中.

③判断球面镜曲率半径的正负可以看凹进去的那一面是朝向折射率高的介质还是折射率低的介质.

④单球面镜的焦度为负,说明起发散作用,为正说明起会聚作用.因此凸面镜不可能起发散作用.

⑤物方焦距是像距无穷远时的物距,像方焦距是物距无穷远时的像距.

A. ②③④　　　　　　　　　　　　B. ①②③⑤
C. ①②⑤　　　　　　　　　　　　D. ①③
E. ①③④

2.已知 $n_1=1, n_2=1.5, r=-10$ cm,下列光路图(见图1)正确的是(　　).

A. 1,2　　　　　　　　　　　　B. 2,3
C. 2,4　　　　　　　　　　　　D. 1,2,4
E. 2

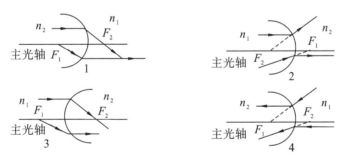

图 1

3.一块正方形玻璃砖的中间有一个球形大气泡.隔着气泡看玻璃后的物体,看到的是(　　).

A. 放大正立的像　　　　　　　　B. 缩小正立的像
C. 直接看到原物体　　　　　　　D. 等大的虚像

4.显微镜的目镜焦距为 2 cm,物镜焦距为 1.5 cm,物镜与目镜相距 20 cm,最后成像于无穷远处,当把两镜作为薄透镜处理时,标本应放在物镜前的距离是(　　).

A. 1.94 cm　　　B. 1.84 cm　　　C. 1.74 cm　　　D. 1.64 cm

5.测绘人员绘制地图时,常常需要从高空飞机上向地面照相,称航空摄影.若使用照相机镜头焦距为 50 mm,则底片与镜头距离为(　　).

A. 100 mm 以外　　　　　　　　B. 恰为 50 mm

C. 50 mm 以内　　　　　　　　　　　D. 略大于 50 mm

6. 哈勃望远镜的物镜直径达 4.3 m(其光学主镜口径为 2.4 m),制造如此大的物镜是因为( ).

A. 物镜越大我们看到的像越大

B. 反射式望远镜的物镜就应该比折射式望远镜大

C. 物镜越大,就能把越多的光会聚起来,使所成的像更加明亮

D. 以上说法都是错误的

二、填空题

1. 空气中有一个折射率为 1.5 的薄透镜,其中一个凸面的曲率半径为 10 cm,若物距为 100 cm 时像距为 50 cm,则透镜另一个曲面的曲率半径为_____,该薄透镜是_____(按外形分).

2. 某人看近处正常,看远处能看清眼前 5 m 处则此人需要佩戴_____透镜来矫正,需佩戴透镜的屈光度是_____.

3. 深度为 3 cm 的水($n=1.33$)面上浮着 2 cm 厚的醇($n=1.36$)层,水底距离醇层表面的象似深度为_____.

4. 投影仪是利用_____透镜来成像的,它上面的平面镜的作用是_____,使射向天花板的光能在屏幕上成像.

三、计算题

1. 通过一面透镜看见一个被放大为原物体 3 倍的正虚像,若物、像相距 8 cm,求透镜焦距.

2. 有一个伽利略望远镜,物镜和目镜相距 12 cm.若望远镜的放大本领为 4x,问物镜和目镜的焦距各位多少?用作图法求出两平行入射线的出射线.

班级_____ 姓名_____ 序号_____ 成绩_____

练习 21 光的相干性 双缝干涉 光程

一、选择题

1. 真空中波长为 λ 的单色光,在折射率为 n 的均匀透明媒质中,从 A 点沿某一路径传播到 B 点,路径的长度为 l. A、B 两点光振动位相差记为 $\Delta\varphi$,则(   ).
   A. 当 $l=3\lambda/2$ 时,有 $\Delta\varphi=3\pi$
   B. 当 $l=3\lambda/(2n)$ 时,有 $\Delta\varphi=3n\pi$
   C. 当 $l=3\lambda/(2n)$ 时,有 $\Delta\varphi=3\pi$
   D. 当 $l=3n\lambda/2$ 时,有 $\Delta\varphi=3n\pi$

2. 在双缝干涉中,两缝间距离为 d,双缝与屏幕之间的距离为 $D(D\gg d)$,波长为 λ 的平行单色光垂直照射到双缝上,屏幕上干涉条纹中相邻暗纹之间的距离是(   ).
   A. $2\lambda D/d$ B. $\lambda d/D$ C. dD/λ D. $\lambda D/d$

3. 用白光光源进行双缝实验,若用一个纯红色的滤光片遮盖一条缝,用一个纯蓝色的滤光片遮盖另一条缝,则(   ).
   A. 干涉条纹的宽度将发生改变
   B. 产生红光和蓝光的两套彩色干涉条纹
   C. 干涉条纹的亮度将发生改变
   D. 不产生干涉条纹

4. 在双缝实验中,设缝是水平的,若双缝所在的平板稍微向上平移,其他条件不变,则屏上的干涉条纹(   ).
   A. 向下平移,且间距不变   B. 向上平移,且间距不变
   C. 不移动,但间距改变   D. 向上平移,且间距改变

5. 在双缝干涉中,屏幕 E 上的 P 点处是明条纹,若将缝 s_2 盖住,并在 s_1s_2 连线的垂直平分面处放一面反射镜 M,如图 1 所示,则此时(   ).
   A. P 点处为暗条纹
   B. P 点处仍为明条纹
   C. 不能确定 P 点处是明条纹还是暗条纹
   D. 无干涉条纹

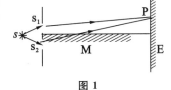

图 1

6. 用白光(波长为 400～760 nm)垂直照射间距为 $a=0.25$ mm 的双缝,距缝 50 cm 处放屏幕,则观察到的第一级彩色条纹和第五级彩色条纹的宽度分别是(   ).
   A. 3.6×10^{-4} m, 3.6×10^{-4} m   B. 7.2×10^{-4} m, 3.6×10^{-3} m
   C. 7.2×10^{-4} m, 7.2×10^{-4} m   D. 3.6×10^{-4} m, 1.8×10^{-4} m

二、填空题

1. 如图 2 所示,波长为 λ 的平行单色光斜入射到距离为 d 的双缝上,入射角为 θ,在图 2 中的屏中央 O 处 ($\overline{s_1O}=\overline{s_2O}$),两束相干光的位相差为_____.

2. 如图 3 所示,假设有两个同相的相干点光源 s_1 和 s_2,发出波长为 λ 的光. A 是它们连线的中垂线上的一点,若在 s_1 与 A 之间插入厚度为 e、折射角为 n 的薄玻璃片,则两光源发出的光在 A 点的位相差 $\Delta\varphi=$_____. 若已知 $\lambda=5000$ Å, $n=1.5$, A 点恰为第四级明

纹中心,则 e=＿＿＿＿ Å.

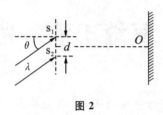
图2

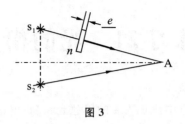
图3

3. 把双缝干涉实验装置放在折射率为 n 的媒质中,双缝到观察屏的距离为 D,两缝间的距离为 $d(d \ll D)$,入射光在真空中的波长为 λ,则屏上干涉条纹中相邻明纹的间距是＿＿＿＿.

4. 在双缝干涉实验中,两缝分别被折射率为 n_1 和 n_2 的透明薄膜遮盖,两者的厚度均为 e,波长为 λ 的平行单色光垂直照射到双缝上,在屏中央处,两束相干光的相位差 $\Delta\varphi=$＿＿＿＿.

三、计算题

1. 白色平行光垂直入射到间距为 $a=0.25$ mm 的双缝上,距离 50 cm 处放置屏幕,分别求第一级和第五级明纹彩色带宽度.(设白光的波长范围是 4000 Å 到 7600 Å. 这里说的"彩色带宽度"指两个极端波长的同级明纹中心之间的距离.)

2. 在双缝干涉实验中,波长 $\lambda=5500$ Å 的单色平行光垂直入射到间距为 $a=2\times10^{-4}$ m 的双缝上,屏到双缝的距离 $D=2$ m. 求:(1)中央明纹两侧的两条第 10 级明纹中心的间距;(2)用一块厚度为 $e=6.6\times10^{-6}$ m、折射率为 $n=1.58$ 的玻璃片覆盖一条缝后,零级明纹将移到原来的第几级明纹处?

练习22　薄膜干涉　劈尖

一、选择题

1. 单色平行光垂直照射在薄膜上,经上下两表面反射的两束光发生干涉,如图1所示,若薄膜的厚度为 e,且 $n_1 < n_2 > n_3$,λ_1 为入射光在 n_1 中的波长,则两束光的光程差为(　　).

A. $2n_2 e - (1/2) n_1 \lambda_1$

B. $2n_2 e - \lambda_1/(2n_1)$

C. $2n_2 e$

D. $2n_2 e - (1/2) n_2 \lambda_1$

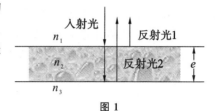

图1

2. 一束波长为 λ 的单色光由空气垂直入射到折射率为 n 的透明薄膜上,透明薄膜放在空气中,要使反射光得到干涉加强,则薄膜最小的厚度为(　　).

A. $\lambda/4$　　　B. $\lambda/(4n)$　　　C. $\lambda/2$　　　D. $\lambda/(2n)$

3. 用劈尖干涉法可检测工件表面缺陷,当波长为 λ 的单色平行光垂直入射时,若观察到的干涉条纹如图2所示,每一条纹弯曲部分的顶点恰好与其左边条纹的直线部分的连线相切,则工件表面与条纹弯曲处对应的部分(　　).

A. 凸起,且高度为 $\lambda/4$

B. 凸起,且高度为 $\lambda/2$

C. 凹陷,且深度为 $\lambda/2$

D. 凹陷,且深度为 $\lambda/4$

4. 两块玻璃构成空气劈尖,左边为棱边,用单色平行光垂直入射,若上面的平玻璃慢慢向上平移,则干涉条纹(　　).

A. 向棱边方向平移,条纹间隔变小

B. 向棱边方向平移,条纹间隔变大

C. 向远离棱边的方向平移,条纹间隔不变

D. 向棱边方向平移,条纹间隔不变

E. 向远离棱边的方向平移,条纹间隔变小

5. 如图3所示,两个直径有微小差别的彼此平行的滚柱之间的距离为 L,夹在两块平晶的中间,形成空气劈尖,当单色光垂直入射时,产生等厚干涉条纹,如果滚柱之间的距离 L 变小,则在 L 范围内干涉条纹的(　　).

A. 数目减少,间距变大　　　　B. 数目不变,间距变小

C. 数目增加,间距变小　　　　D. 数目减少,间距不变

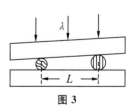

图3

6. 空气劈尖干涉实验中(　　).

A. 干涉条纹是垂直于棱边的直条纹,劈尖夹角变小时,条纹变稀,从中心向两边扩展

B. 干涉条纹是垂直于棱边的直条纹,劈尖夹角变小时,条纹变密,从两边向中心靠拢

C. 干涉条纹是平行于棱边的直条纹,劈尖夹角变小时,条纹变疏,条纹背向棱边扩展

D. 干涉条纹是平行于棱边的直条纹,劈尖夹角变小时,条纹变密,条纹向棱边靠拢

二、填空题

1. 在空气中有一个劈尖形透明物,劈尖角 $\theta = 1.0 \times 10^{-4}$ 弧度,在波长 $\lambda = 700$ nm 的单色光垂直照射下,测得两相邻干涉条纹间距 $l = 0.25$ cm,此透明材料的折射率 $n = $ _____.

2. 用波长为 λ 的单色光垂直照射到如图 4 所示的空气劈尖上,从反射光中观察干涉条纹. 距顶点为 L 处是暗条纹,使劈尖角 θ 连续变大,直到该点处再次出现暗条纹为止,劈尖角的改变量 $\Delta\theta$ 是_____.

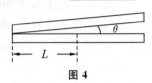

图 4

3. 波长为 λ 的单色光垂直照射到劈尖薄膜上,劈尖角为 θ,劈尖薄膜的折射率为 n,第 k 级明条纹与第 $k+5$ 级明纹的间距是_____.

4. 如图 5 所示,波长为 λ 的平行单色光垂直照射到两个劈尖上,两劈尖角分别为 θ_1 和 θ_2,折射率分别为 n_1 和 n_2,若两者形成干涉条纹的间距相等,则 θ_1, θ_2, n_1 和 n_2 之间的关系是_____.

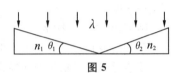

图 5

三、计算题

1. 用白光垂直照射置于空气中厚度为 0.50 μm 的玻璃片. 玻璃片的折射率为 1.50,在可见光范围内(400～760 nm),哪些波长的反射光有最大限度的增强?

2. 折射率为 1.60 的两块标准平面玻璃板之间形成一个劈尖(劈尖角 θ 很小). 用波长 $\lambda = 600$ nm (1 nm $= 10^{-9}$ m) 的单色光垂直入射,产生等厚干涉条纹. 假如在劈尖内充满 $n = 1.40$ 的液体时的相邻明纹间距比劈尖内是空气时的明纹间距缩小 $\Delta l = 0.5$ mm,那么劈尖角 θ 应是多少?

班级_____ 姓名_____ 序号_____ 成绩_____

练习 23 牛顿环 迈克耳孙干涉仪 衍射现象

一、选择题

1. 在牛顿环实验装置中,曲率半径为 R 的平凸透镜与平玻璃板在中心恰好接触,它们之间充满折射率为 n 的透明介质,垂直入射到牛顿环装置上的平行单色光在真空中的波长为 λ,则反射光形成的干涉条纹中暗环半径 r_k 的表达式为( ).

A. $r_k = \sqrt{k\lambda R}$ B. $r_k = \sqrt{k\lambda R/n}$ C. $r_k = \sqrt{kn\lambda R}$ D. $r_k = \sqrt{k\lambda/(Rn)}$

2. 检验滚珠大小的干涉装置如图 1(a). S 为光源,L 为会聚透镜,M 为半透半反镜,在平晶 T_1、T_2 之间放置 A、B、C 三个滚珠,其中 A 为标准件,直径为 d_0. 用波长为 λ 的单色光垂直照射平晶,在 M 上方观察时观察到等厚条纹如图 1(b) 所示,轻压 C 端,条纹间距变大,则 B 珠的直径 d_1、C 珠的直径 d_2 与 d_0 的关系分别为( ).

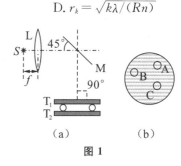

图 1

A. $d_1 = d_0 + \lambda$, $d_2 = d_0 + 3\lambda$

B. $d_1 = d_0 - \lambda$, $d_2 = d_0 - 3\lambda$

C. $d_1 = d_0 + \lambda/2$, $d_2 = d_0 + 3\lambda/2$

D. $d_1 = d_0 - \lambda/2$, $d_2 = d_0 - 3\lambda/2$

3. 若把牛顿环装置(都是用折射率为 1.52 的玻璃制成的)由空气搬入折射率为 1.33 的水中,则干涉条纹( ).

A. 中心暗斑变成亮斑 B. 变疏
C. 变密 D. 间距不变

4. 把一个平凸透镜放在平玻璃上,构成牛顿环装置. 当平凸透镜慢慢地向上平移时,由反射光形成的牛顿环( ).

A. 向中心收缩,条纹间隔变小 B. 向外扩张,条纹间隔变大
C. 向外扩张,环心呈明暗交替变化 D. 向中心收缩,环心呈明暗交替变化

5. 在迈克耳孙干涉仪的一条光路中,放入一块折射率为 n,厚度为 d 的透明薄片,放入后,这条光路的光程改变了( ).

A. $2(n-1)d$ B. $2nd$
C. $2(n-1)d + \lambda/2$ D. nd
E. $(n-1)d$

6. 根据惠更斯-菲涅耳原理,若已知光在某时刻的波阵面为 S,则 S 的前方某点 P 的光强度取决于波阵面 S 上所有面积元发出的子波各自传到 P 点的( ).

A. 振动振幅之和 B. 光强之和
C. 振动振幅之和的平方 D. 振动的相干叠加

二、填空题

1. 若在迈克耳孙干涉仪的可动反射镜 M 移动 0.620 mm 的过程中,观察到干涉条纹移动了 2300 条,则所用光波的波长为_____nm.

2. 在迈克耳孙干涉仪的可动反射镜平移一微小距离的过程中,观察到干涉条纹恰好移动 1848 条,所用单色光的波长为 546.1 nm.由此可知反射镜平移的距离等于_____mm(给出四位有效数字).

3. 在迈克耳孙干涉仪的一支光路上,垂直于光路放入折射率为 n、厚度为 h 的透明介质薄膜,与未放入此薄膜时相比较,两光束光程差的改变量为_____.

4. 惠更斯引入_____的概念提出了惠更斯原理,菲涅耳再用_____的思想补充了惠更斯原理,发展成了惠更斯-菲涅耳原理.

三、计算题

如图 2 所示,牛顿环装置的平凸透镜与平板玻璃有一小缝 e_0.现用波长为 λ 的单色光垂直照射,已知平凸透镜的曲率半径为 R,求反射光形成的牛顿环的各暗环半径.

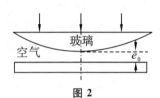

图 2

四、证明题

利用牛顿环的条纹可以测定平凹透镜的凹球面的曲率半径,方法是将已知半径的平凸透镜的凸球面放置在待测的凹球面上,在两球面间形成空气薄层,如图 3 所示.用波长为 λ 的平行单色光垂直照射,观察反射光形成的干涉条纹.试证明若中心 O 点处刚好接触,则第 k 个暗环的半径 r_k 与凹球面半径 R_2,凸面半径 R_1($R_1<R_2$)及入射光波长 λ 的关系为

$$r_k^2 = R_1 R_2 k\lambda/(R_2 - R_1)$$

其中 $k = 0, 1, 2, \cdots$

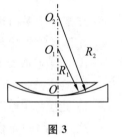

图 3

练习24　单缝　圆孔　光学仪器的分辨率

一、选择题

1. 在单缝夫琅和费衍射实验中,波长为λ的单色光垂直入射到宽度为 $a=4\lambda$ 的单缝上,对应于衍射角30°的方向,单缝处波阵面可分成的半波带数目为(　　).
   A. 2个　　　　　B. 4个　　　　　C. 6个　　　　　D. 8个

2. 在如图1所示的单缝夫琅和费衍射装置中,设中央明纹的衍射角范围很小,若使单缝宽度 a 变为原来的3/2,同时使入射的单色光的波长 λ 变为原来的3/4,则屏幕C上单缝衍射条纹中央明纹的宽度 Δx 将变为原来的(　　).
   A. 3/4倍　　　　B. 2/3倍　　　　C. 9/8倍
   D. 1/2倍　　　　E. 2倍

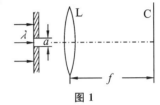

图1

3. 在如图2所示的单缝夫琅和费衍射实验中,将单缝K沿垂直于光的入射方向(在图中的 x 方向)稍微平移,则(　　).
   A. 衍射条纹移动,条纹宽度不变
   B. 衍射条纹移动,条纹宽度变宽
   C. 衍射条纹中心不动,条纹变宽
   D. 衍射条纹不动,条纹宽度不变
   E. 衍射条纹中心不动,条纹变窄

4. 在如图3所示的夫琅和费衍射装置中,将单缝宽度 a 稍稍变窄,同时使会聚透镜L沿 y 轴正方向做微小位移,则屏幕C上的中央衍射条纹将(　　).
   A. 变宽,同时向上移动
   B. 变宽,同时向下移动
   C. 变宽,不移动
   D. 变窄,同时向上移动
   E. 变窄,不移动

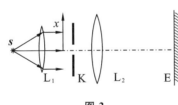

图2　　　　图3

5. 若星光的波长按550 nm计算,孔径为127 cm的大型望远镜所能分辨的两颗星的最小角距离 θ(从地上一点看两星的视线间夹角)是(　　).
   A. 5.3×10^{-7} rad　　　　B. 1.8×10^{-4} rad
   C. 5.3×10^{-5} rad　　　　D. 3.2×10^{-3} rad

6. 关于半波带正确的理解是(　　).
   A. 将单狭缝分成许多条带,相邻条带的对应点到达屏上会聚点的距离之差为入射光波长的1/2
   B. 将能透过单狭缝的波阵面分成许多条带,相邻条带的对应点的衍射光到达屏上会聚点的光程差为入射光波长的1/2
   C. 将能透过单狭缝的波阵面分成条带,各条带的宽度为入射光波长的1/2

D. 将单狭缝透光部分分成条带,各条带的宽度为入射光波长的1/2

二、填空题

1. 如果单缝夫琅和费衍射的第一级暗纹发生在衍射角为 30°的方位上,所用单色光波长 $\lambda = 500$ nm,则单缝宽度为_____m.

2. 平行单色光垂直入射于单缝上,观察夫琅和费衍射.若屏上 P 点处为第二级暗纹,则单缝处波面相应地可划分为_____个半波带,若将单缝宽度减小一半,P 点将是_____级_____纹.

3. 在单缝夫琅和费衍射实验中,设第一级暗纹的衍射角很小,若用钠黄光($\lambda_1 \approx 589$ nm)照射单缝得到中央明纹的宽度为 4.0 mm,则用 $\lambda_2 = 442$ nm 的蓝紫色光照射单缝得到的中央明纹宽度为_____.

4. 波长为 500~600 nm 的复合光平行地垂直照射在 $a = 0.01$ mm 的单狭缝上,缝后凸透镜的焦距为 1.0 m,则此二波长光零级明纹的中心间隔为_____,一级明纹的中心间隔为_____.

三、计算题

用波长 $\lambda = 632.8$ nm 的平行光垂直照射单缝,缝宽 $a = 0.15$ mm,缝后用凸透镜把衍射光会聚在焦平面上,测得第二级与第三级暗条纹之间的距离为 1.7 mm,求此透镜的焦距.

四、问答题

在单缝衍射实验中,当缝的宽度 a 远大于单色光的波长时,通常观察不到衍射条纹,试由单缝衍射暗条纹条件的公式说明这是为什么.

班级_____ 姓名_____ 序号_____ 成绩_____

练习 25　光栅 X 射线的衍射

一、选择题

1. 一束平行单色光垂直入射到光栅上,当光栅常数($a+b$)为下列哪种情况时(a 代表每条缝的宽度,b 为不透明部分宽度),$k=3、6、9$ 等级次的主极大均不出现?(　　)

  A. $a+b=3a$　　B. $a+b=2a$　　C. $a+b=4a$　　D. $a+b=6a$

2. 若用衍射光栅准确测定一束单色可见光的波长,在下列各种光栅常数的光栅中选用哪一种最好?(　　)

  A. 1.0×10^{-1} mm　　　　　　　　B. 5.0×10^{-1} mm
  C. 1.0×10^{-2} mm　　　　　　　　D. 1.0×10^{-3} mm

3. 在双缝衍射实验中,若保持双缝 s_1 和 s_2 的中心之间的距离 d 不变,而把两条缝的宽度 a 略微加宽,则(　　).

  A. 单缝衍射的中央主极大变宽,其中所包含的干涉条纹数目变少
  B. 单缝衍射的中央主极大变宽,其中所包含的干涉条纹数目变多
  C. 单缝衍射的中央主极大变窄,其中所包含的干涉条纹数目变少
  D. 单缝衍射的中央主极大变宽,其中所包含的干涉条纹数目不变
  E. 单缝衍射的中央主极大变窄,其中所包含的干涉条纹数目变多

4. 某元素的特征光谱中含有波长分别为 $\lambda_1=450$ nm 和 $\lambda_2=750$ nm(1 nm$=10^{-9}$ m)的光谱线. 在光栅光谱中,这两种波长的谱线有重叠现象,重叠处 λ_2 的谱线的级次数将是(　　).

  A. $2,3,4,5,\cdots$　　　　　　　　B. $2,5,8,11,\cdots$
  C. $2,4,6,8,\cdots$　　　　　　　　D. $3,6,9,12,\cdots$

5. 设光栅平面、透镜均与屏幕平行,则当入射的平行单色光从垂直于光栅平面入射变为斜入射时,能观察到的光谱线的最高级数 k(　　).

  A. 变小　　　　　　　　　　　　B. 变大
  C. 不变　　　　　　　　　　　　D. 改变无法确定

6. 每毫米刻痕 200 条的透射光栅,对波长范围为 $500\sim600$ nm 的复合光进行光谱分析,设光垂直入射,则最多能见到的完整光谱的级次与不重叠光谱的级次分别为(　　).

  A. 8,6　　　　B. 10,6　　　　C. 8,5　　　　D. 10,5

二、填空题

1. 用波长为 546.1 nm 的平行单色光垂直照射到一块透射光栅上,在分光计上测得第一级光谱线的衍射角 $\theta=30°$,则该光栅每一毫米上有_____条刻痕.

2. 可见光的波长范围是 $400\sim760$ nm,用平行的白光垂直入射到平面透射光栅上时,它产生的不与另一级光谱重叠的完整的可见光光谱是第_____级光谱.

3. 一束平行单色光垂直入射到一块光栅上,若光栅的透明缝宽度 a 与不透明部分宽度 b 相等,则可能看到的衍射光谱的级次为_____.

4. 以一束待测伦琴射线射到晶面间距为 0.282 nm (1 nm$=10^{-9}$ m)的晶面族上,测得与第一级主极大的反射光相应的掠射角为 $17°30'$,则待测伦琴射线的波长为_____.

三、计算题

1. 一块每毫米 500 条缝的光栅,用钠黄光正入射,观察衍射光谱,钠黄光包含两条谱线,其波长分别为 589.6 nm 和 589.0 nm,求在第二级光谱中这两条谱线互相分离的角度.

2. 一块衍射光栅,每厘米有 200 条透光缝,每条透光缝宽为 $a = 2 \times 10^{-3}$ cm,在光栅后放一面焦距 $f = 1$ m 的凸透镜,现以 $\lambda = 600$ nm 的平行单色光垂直照射光栅.
   (1) 透光镜的单缝衍射中央明条纹宽度为多少?
   (2) 在该宽度内,有几个光栅衍射主极大?

班级_____ 姓名_____ 序号_____ 成绩_____

练习 26 光 的 偏 振

一、选择题

1. 一束光强为 I_0 的自然光垂直穿过两个偏振片,且此两个偏振片的偏振化方向成 $45°$ 角,若不考虑偏振片的反射和吸收,则穿过两个偏振片后的光强 I 为(   ).
A. $I_0/4$　　　　　　B. $\sqrt{2}I_0/4$　　　　　　C. $I_0/2$　　　　　　D. $\sqrt{2}I_0/2$

2. 使一束光强为 I_0 的平面偏振光先后通过两个偏振片 P_1 和 P_2. P_1 和 P_2 的偏振化方向与原入射光光矢量振动方向的夹角分别是 α 和 $90°$,则通过这两个偏振片后的光强 I 是(   ).
A. $(1/2)I_0\cos^2\alpha$　　　　　　B. 0
C. $(1/4)I_0\sin^2(2\alpha)$　　　　　　D. $(1/4)I_0\sin^2\alpha$
E. $I_0\cos^4\alpha$

3. 自然光以 $60°$ 的入射角照射到不知其折射率的某一个透明表面时,反射光为线偏振光.则知(   ).
A. 折射光为线偏振光,折射角为 $30°$
B. 折射光为部分偏振光,折射角为 $30°$
C. 折射光为线偏振光,折射角不能确定
D. 折射光为部分偏振光,折射角不能确定

4. 自然光以布儒斯特角由空气入射到一个玻璃表面上,反射光是(   ).
A. 在入射面内振动的完全偏振光
B. 平行于入射面的振动占优势的部分偏振光
C. 垂直于入射面的振动占优势的部分偏振光
D. 垂直于入射面振动的完全偏振光

5. $ABCD$ 为一块方解石的一个截面,AB 为垂直于纸面的晶体平面与纸面的交线,光轴方向在纸面内且与 AB 成一个锐角 θ,如图 1 所示. 一束平行的单色自然光垂直于 AB 端面入射,在方解石内折射光分解为 o 光和 e 光,o 光和 e 光的(   ).
A. 传播方向相同,电场强度的振动方向互相垂直
B. 传播方向相同,电场强度的振动方向不互相垂直
C. 传播方向不同,电场强度的振动方向互相垂直
D. 传播方向不同,电场强度的振动方向不互相垂直

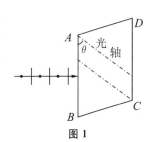
图 1

6. 杨氏双缝实验中,设想用完全相同但偏振化方向相互垂直的偏振片各盖一条缝,则屏幕上(   ).
A. 条纹形状不变,光强变小　　　　　　B. 条纹形状不变,光强也不变
C. 条纹移动,光强减弱　　　　　　D. 看不见干涉条纹

二、填空题

1. 一束光线入射到光学单轴晶体后,成为两束光线,沿着不同方向折射,这样的现象称为双

折射现象. 其中一束折射光称为寻常光, 它_____定律; 另一束光线称为非寻常光, 它_____定律.

2. 用方解石晶体(负晶体)切成一个截面为正三角形的棱镜, 光轴方向如图 2. 若自然光以入射角 i 入射并产生双折射, 试定性地分别画出 o 光和 e 光的光路及振动方向_____.

3. 一束单色线偏振光沿光轴方向通过厚度为 l 的旋光晶体后, 线偏振光的振动面发生了旋转, 旋转角度的表达式为_____.

4. 一束平行光, 在真空中波长为 589 nm($1\ nm = 10^{-9}\ m$), 垂直入射到方解石晶体上, 晶体的光轴和表面平行, 如图 3 所示. 已知方解石晶体对此单色光的折射率为 $n_o = 1.658$, $n_e = 1.486$. 则此光在该晶体中分成的寻常光的波长 $\lambda_o = $_____, 非寻常光的波长 $\lambda_e = $_____.

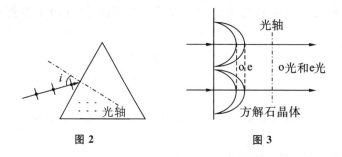

图 2 图 3

三、计算题

两个偏振片 P_1、P_2 叠放在一起, 其偏振化方向之间的夹角为 $30°$, 一束强度为 I_0 的光垂直入射到偏振片上, 已知该入射光由强度相同的自然光和线偏振光混合而成, 现测得透过偏振片 P_2 与 P_1 后的出射光强与入射光强之比为 $9/16$, 试求入射光中线偏振光的光矢量的振动方向(以 P_1 的偏振化方向为基准).

四、证明题

有三个偏振片堆叠在一起, 第一个与第三个的偏振化方向相互垂直, 第二个和第一个的偏振化方向相互平行, 然后第二个偏振片以恒定角速度 ω 绕光传播的方向旋转, 如图 4 所示. 设入射自然光的光强为 I_0, 试证明: 此自然光通过这一个系统后, 出射光的光强为 $I = I_0(1 - \cos 4\omega t)/16$.

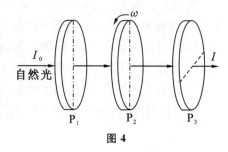

图 4

班级_____ 姓名_____ 序号_____ 成绩_____

练习 27　库仑定律　电场强度

一、选择题

1. 一个均匀带电球面，电荷面密度为 σ，球面内电场强度处处为零，球面上面元 dS 的一个电量为 σdS 的电荷元在球面内各点产生的电场强度（　　）．
   A. 处处为零　　　　B. 不一定都为零　　　C. 处处不为零　　　D. 无法判定

2. 关于电场强度定义式 $E=F/q_0$，下列说法中哪个是正确的？（　　）．
   A. 场强 E 的大小与试探电荷 q_0 的大小成反比
   B. 对场中某点，试探电荷受力 F 与 q_0 的比值不因 q_0 而变
   C. 试探电荷受力 F 的方向就是场强 E 的方向
   D. 若场中某点不放试探电荷 q_0，则 $F=0$，从而 $E=0$

3. 图 1 所示为一条沿 x 轴放置的"无限长"分段均匀带电直线，电荷线密度分别为 $+\lambda(x<0)$ 和 $-\lambda(x>0)$，则 xOy 平面上 $(0,a)$ 点处的场强为（　　）．

   A. $\dfrac{\lambda}{2\pi\varepsilon_0 a}\boldsymbol{i}$　　　　　　　　B. 0

   C. $\dfrac{\lambda}{4\pi\varepsilon_0 a}\boldsymbol{i}$　　　　　　　　D. $\dfrac{\lambda}{4\pi\varepsilon_0 a}(\boldsymbol{i}+\boldsymbol{j})$

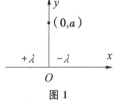

图 1

4. 下列说法中哪一个是正确的？（　　）．
   A. 电场中某点场强的方向，就是将点电荷放在该点所受电场力的方向
   B. 在以点电荷为中心的球面上，由该点电荷所产生的场强处处相同
   C. 场强方向可由 $E=F/q$ 定出，其中 q 为试验电荷的电量，q 可正、可负，F 为试验电荷所受的电场力
   D. 以上说法都不正确

5. 如图 2 所示，在坐标 $(a,0)$ 处放置一个点电荷 $+q$，在坐标 $(-a,0)$ 处放置另一个点电荷 $-q$，P 点是 x 轴上的一点，坐标为 $(x,0)$．当 $x\gg a$ 时，该点场强的大小为（　　）．

   A. $\dfrac{q}{4\pi\varepsilon_0 x}$　　　　　　　　B. $\dfrac{q}{4\pi\varepsilon_0 x^2}$

   C. $\dfrac{qa}{2\pi\varepsilon_0 x^3}$　　　　　　　D. $\dfrac{qa}{\pi\varepsilon_0 x^3}$

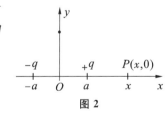

图 2

6. 如图 3 所示为四种不同的电场分布，假定图中没有电荷，那么哪个图表示的是静电场？
   （　　）

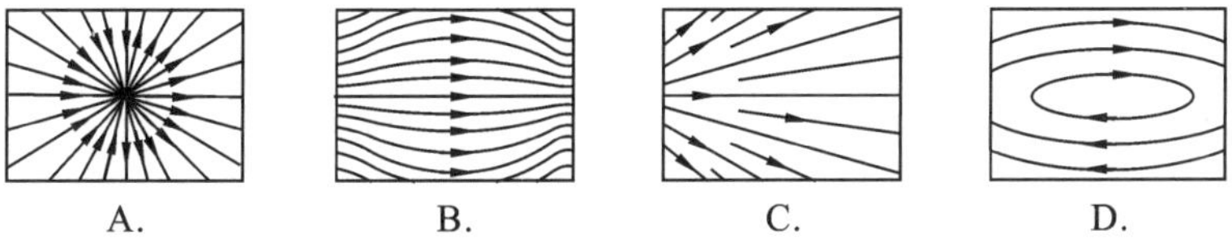

A.　　　　　　　B.　　　　　　　C.　　　　　　　D.

图 3

二、填空题

1. 如图 4 所示,两根相互平行的"无限长"均匀带正电直线 1、2,相距为 d,其电荷线密度分别为 λ_1 和 λ_2,则场强等于零的点与直线 1 的距离 $a=$ _____.

2. 如图 5 所示,带电量均为 $+q$ 的两个点电荷,分别位于 x 轴上的 $+a$ 和 $-a$ 位置.则 y 轴上各点场强表达式为 $E=$ _____,场强最大值的位置在 $y=$ _____.

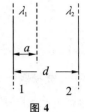

图 4

3. 一个电偶极子放在场强为 E 的匀强电场中,电矩的方向与电场强度方向成角 θ.已知作用在电偶极子上的力矩大小为 M,则此电偶极子的电矩大小为 _____.

4. 电荷为 -5×10^{-9} C 的试验电荷放在电场中某点时,受到 20×10^{-9} N 的向下的力,则该点的电场强度大小为 _____,方向 _____.

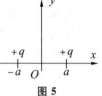

图 5

三、计算题

1. 一个半径为 R 的半球面,均匀地带有电荷,电荷面密度为 σ.求球心处的电场强度.

2. 用绝缘细线弯成的半圆环,半径为 R,其上均匀地带有正电荷 Q,试求圆心 O 处的电场强度.

练习 28 电场强度(续)

一、选择题

1. 以下说法错误的是(　　).
A. 电荷电量大,受的电场力可能小
B. 电荷电量小,受的电场力可能大
C. 电场为零的点,任何点电荷在此受的电场力为零
D. 电荷在某点受的电场力与该点电场方向一致

2. 边长为 a 的正方形的四个顶点上放置如图 1 所示的点电荷,则中心 O 处场强(　　).
A. 大小为零
B. 大小为 $q/(2\pi\varepsilon_0 a^2)$,方向沿 x 轴正向
C. 大小为 $\sqrt{2}q/(2\pi\varepsilon_0 a^2)$,方向沿 y 轴正向
D. 大小为 $\sqrt{2}q/(2\pi\varepsilon_0 a^2)$,方向沿 y 轴负向

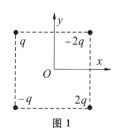

图 1

3. 试验电荷 q_0 在电场中受力为 f,得电场强度的大小为 $E=f/q_0$,则以下说法正确的是(　　).
A. E 正比于 f
B. E 反比于 q_0
C. E 正比于 f 反比于 q_0
D. 电场强度 E 是由产生电场的电荷所决定,与试验电荷 q_0 的大小及其受力 f 无关

4. 在电场强度为 $\boldsymbol{E}$ 的匀强电场中,有一个如图 2 所示的三棱柱,取表面的法线向外,设过面 $AA'CO$、面 $B'BOC$、面 $ABB'A'$ 的电通量为 $\varPhi_1$,$\varPhi_2$,$\varPhi_3$,则(　　).
A. $\varPhi_1=0$,$\varPhi_2=Ebc$,$\varPhi_3=-Ebc$
B. $\varPhi_1=-Eac$,$\varPhi_2=0$,$\varPhi_3=Eac$
C. $\varPhi_1=-Eac$,$\varPhi_2=-Ec\sqrt{a^2+b^2}$,$\varPhi_3=-Ebc$
D. $\varPhi_1=Eac$,$\varPhi_2=Ec\sqrt{a^2+b^2}$,$\varPhi_3=Ebc$

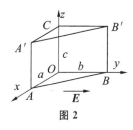

图 2

5. 两个带电体 Q_1、Q_2,其几何中心相距 R,Q_1 受 Q_2 的电场力 $\boldsymbol{F}$ 应如下计算(　　).
A. 把 Q_1 分成无数个微小电荷元 $\mathrm{d}q$,先用积分法得出 Q_2 在 $\mathrm{d}q$ 处产生的电场强度 $\boldsymbol{E}$ 的表达式,求出 $\mathrm{d}q$ 受的电场力 $\mathrm{d}\boldsymbol{F}=\boldsymbol{E}\mathrm{d}q$,再把这无数个 $\mathrm{d}q$ 受的电场力 $\mathrm{d}\boldsymbol{F}$ 进行矢量叠加从而得出 Q_1 受 Q_2 的电场力 $\boldsymbol{F}=\int_{Q_1}\boldsymbol{E}\mathrm{d}q$
B. $\boldsymbol{F}=Q_1Q_2\boldsymbol{R}/(4\pi\varepsilon_0 R^3)$
C. 先采用积分法算出 Q_2 在 Q_1 的几何中心处产生的电场强度 $\boldsymbol{E}_0$,则 $\boldsymbol{F}=Q_1\boldsymbol{E}_0$
D. 把 Q_1 分成无数微小电荷元 $\mathrm{d}q$,电荷元 $\mathrm{d}q$ 对 Q_2 几何中心引的矢径为 $\boldsymbol{r}$,则 Q_1 受 Q_2 的电场力为 $\boldsymbol{F}=\int_{Q_1}[Q_2\boldsymbol{r}\mathrm{d}q/(4\pi\varepsilon_0 r^3)]$

6. 一个带正电荷的质点,在电场力作用下从 A 点经 C 点运动到 B 点,其运动轨迹如图 3 所示.已知质点运动的速率是递增的,下面关于 C 点场强方向的四个图示中正确的是(   ).

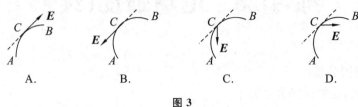

图 3

二、填空题

1. 电矩为 p 的电偶极子沿 x 轴放置,中心为坐标原点,如图 4 所示.则点 $A(x,0)$,点 $B(0,y)$ 电场强度的矢量表达式为

$E_A=$ _____ ,$E_B=$ _____ .

2. 如图 5 所示真空中有两根无限长带电直线,每根无限长带电直线左半线密度为 λ,右半线密度为 $-\lambda$,λ 为常数.在正负电荷交界处距两直线均为 a 的 O 点的电场强度为 $E_x=$ _____ ;$E_y=$ _____ .

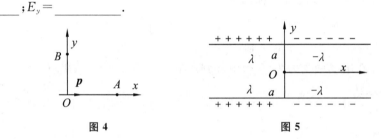

图 4　　　　　　　　图 5

3. 设想将 1 g 单原子氢中的所有电子放在地球的南极,所有质子放在地球的北极,则它们之间的库仑吸引力为 _____ N.

4. 由一根绝缘细线围成的边长为 l 的正方形线框,使它均匀带电,其电荷线密度为 λ,则在正方形中心处的电场强度的大小 $E=$ _____ .

三、计算题

1. 宽为 a 的无限长带电薄平板,电荷线密度为 λ,取中心线为 z 轴,x 轴与带电薄平板在同一平面内,y 轴垂直带电薄平板,如图 6.求 y 轴上距带电薄平板为 b 的一点 P 的电场强度的大小和方向.

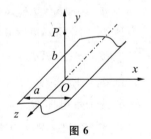

图 6

2. 一条无限长带电直线,电荷线密度为 λ,旁边有长为 a、宽为 b 的一个矩形平面,矩形平面中心线与带电直线组成的平面垂直于矩形平面,带电直线与矩形平面的距离为 c,如图 7. 求通过矩形平面电通量的大小.

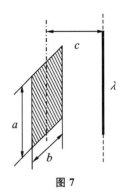

图 7

班级_____ 姓名_____ 序号_____ 成绩_____

练习 29 高斯定理

一、选择题

1. 如图 1 所示,有一电场强度为 E、平行于 x 轴正方向的均匀电场,则通过图 1 中一个半径为 R 的半球面的电场强度通量为( ).
   A. $\pi R^2 E$　　　　　　　　　　B. $\pi R^2 E/2$
   C. $2\pi R^2 E$　　　　　　　　　D. 0

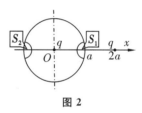

图 1

2. 关于高斯定理,以下说法正确的是( ).
   A. 高斯定理是普遍适用的,但用它计算电场强度时要求电荷分布具有某种对称性
   B. 高斯定理对非对称性的电场是不正确的
   C. 高斯定理一定可以用于计算电荷分布具有对称性的电场的电场强度
   D. 高斯定理一定不可以用于计算非对称性电荷分布的电场的电场强度

3. 有两个点电荷电量都是 $+q$,相距为 $2a$,今以左边的点电荷所在处为球心,以 a 为半径画一个球形高斯面.在球面上取两块相等的小面积 S_1 和 S_2,其位置如图 2 所示.设通过 S_1 和 S_2 的电场强度通量分别为 Φ_1 和 Φ_2,通过整个球面的电场强度通量为 Φ,则( ).
   A. $\Phi_1 > \Phi_2, \Phi = q/\varepsilon_0$　　　　　B. $\Phi_1 < \Phi_2, \Phi = 2q/\varepsilon_0$
   C. $\Phi_1 = \Phi_2, \Phi = q/\varepsilon_0$　　　　　D. $\Phi_1 < \Phi_2, \Phi = q/\varepsilon_0$

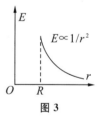

图 2

4. 图 3 所示为一条球对称性静电场的 $E \sim r$ 关系曲线,请指出该电场是由哪种带电体产生的(E 表示电场强度的大小,r 表示离对称中心的距离).( )
   A. 点电荷
   B. 半径为 R 的均匀带电球体
   C. 半径为 R 的均匀带电球面
   D. 内外半径分别为 r 和 R 的同心均匀带电球壳

图 3

5. 如图 4 所示,一个带电量为 q 的点电荷位于一边长为 l 的正方形 $abcd$ 的中心线上,q 距正方形 $l/2$,则通过该正方形的电场强度通量大小等于( ).
   A. $\dfrac{q}{2\varepsilon_0}$　　B. $\dfrac{q}{6\varepsilon_0}$　　C. $\dfrac{q}{12\varepsilon_0}$　　D. $\dfrac{q}{24\varepsilon_0}$

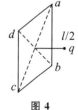

图 4

6. 一个点电荷,放在球形高斯面的中心处.下列哪一种情况,通过高斯面的电场强度通量发生变化.( )
   A. 将另一个点电荷放在高斯面外
   B. 将另一个点电荷放进高斯面内
   C. 将球心处的点电荷移开,但仍在高斯面内
   D. 将高斯面半径缩小

二、填空题

1. 如图 5，两块"无限大"的带电平行平板，其电荷面密度分别为 $-\sigma(\sigma>0)$ 及 2σ. 试写出各区域的电场强度.

   Ⅰ区 E 的大小_____，方向_____.

   Ⅱ区 E 的大小_____，方向_____.

   Ⅲ区 E 的大小_____，方向_____.

2. 如图 6 所示，真空中有两个点电荷，带电量分别为 Q 和 $-Q$，相距 $2R$. 若以负电荷所在处 O 点为中心，以 R 为半径画高斯球面 S，则通过该球面的电场强度通量 $\Phi=$_____；若以 r_0 表示高斯面外法线方向的单位矢量，则高斯面上 a、b 两点的电场强度分别为_____和_____.

3. 电荷 q_1、q_2、q_3 和 q_4 在真空中的分布如图 7 所示，其中 q_2 是半径为 R 的均匀带电球体，S 为闭合曲面，则通过闭合曲面 S 的电通量 $\oint_S \boldsymbol{E} \cdot d\boldsymbol{S}=$_____，式中电场强度 $\boldsymbol{E}$ 是电荷_____产生的，是它们产生电场强度的矢量和还是标量和？答：是_____.

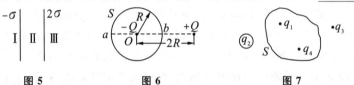

图 5   图 6   图 7

4. 如图 8 所示在场强为 E 的均匀电场中，有一个半径为 R、长为 l 的圆柱面，其轴线与 E 的方向垂直. 在通过轴线并垂直 E 的方向将此柱面切去一半，如图 8 所示. 则穿过剩下的半圆柱面的电场强度通量等于_____.

三、计算题

1. 真空中有一块厚为 $2a$ 的无限大带电平板，取垂直平板为 x 轴，x 轴与中心平面的交点为坐标原点，带电平板的体电荷分布为 $\rho = \rho_0 \cos[\pi x/(2a)]$，求带电平板内外电场强度的大小和方向.

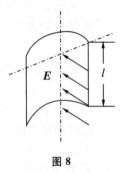

图 8

2. 半径为 R 的无限长圆柱体内有一个半径为 $a(a<R)$ 的球形空腔，球心到圆柱轴的距离为 $d(d>a)$，该球形空腔无限长圆柱体内均匀分布着电荷体密度为 ρ 的正电荷，如图 9 所示. 求：

(1) 在球形空腔内，球心 O 处的电场强度；

(2) 在柱体内与 O 点对称的 P 点处的电场强度.

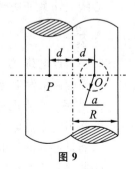

图 9

练习30 静电场的环路定理 电势

一、选择题

1. 如图1所示,半径为 R 的均匀带电球面,总电量为 Q,设无穷远处的电势为零,则球内距离球心为 r 的 P 点处的电场强度的大小和电势为（　　）.

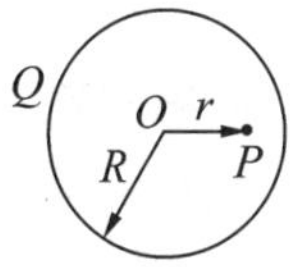

   A. $E=0$, $U=Q/4\pi\varepsilon_0 R$
   B. $E=0$, $U=Q/4\pi\varepsilon_0 r$
   C. $E=Q/4\pi\varepsilon_0 r^2$, $U=Q/4\pi\varepsilon_0 r$
   D. $E=Q/4\pi\varepsilon_0 r^2$, $U=Q/4\pi\varepsilon_0 R$

图1

2. 如图2所示,两个同心的均匀带电球面,内球面半径为 R_1,带电量 Q_1,外球面半径为 R_2,带电量为 Q_2.设无穷远处为电势零点,则在两个球面之间,距中心为 r 处的 P 点的电势为（　　）.

   A. $\dfrac{Q_1+Q_2}{4\pi\varepsilon_0 r}$
   B. $\dfrac{Q_1}{4\pi\varepsilon_0 R_1}+\dfrac{Q_2}{4\pi\varepsilon_0 R_2}$
   C. $\dfrac{Q_1}{4\pi\varepsilon_0 r}+\dfrac{Q_2}{4\pi\varepsilon_0 R_2}$
   D. $\dfrac{Q_1}{4\pi\varepsilon_0 R_1}+\dfrac{Q_2}{4\pi\varepsilon_0 r}$

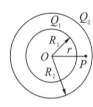

图2

3. 如图3所示,在点电荷 $+q$ 的电场中,若取图中 M 点为电势零点,则 P 点的电势为（　　）.

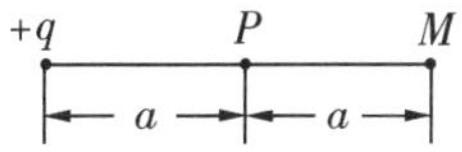

   A. $q/4\pi\varepsilon_0 a$
   B. $q/8\pi\varepsilon_0 a$
   C. $-q/4\pi\varepsilon_0 a$
   D. $-q/8\pi\varepsilon_0 a$

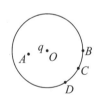

图3

4. 一个电量为 q 的点电荷位于圆心 O 处,A 是圆内一点,B、C、D 为同一圆周上的三点,如图4所示.现将一个试验电荷从 A 点分别移动到 B、C、D 各点,则（　　）.

   A. 从 A 到 B,电场力做功最大
   B. 从 A 到 C,电场力做功最大
   C. 从 A 到 D,电场力做功最大
   D. 从 A 到各点,电场力做功相等

图4

5. 如图5所示,$CDEF$ 为一个矩形,边长分别为 l 和 $2l$,在 DC 延长线上 $CA=l$ 处的 A 点有点电荷 $+q$,在 CF 的中点 B 点有点电荷 $-q$,若使单位正电荷从 C 点沿 $CDEF$ 路径运动到 F 点,则电场力所做的功等于（　　）.

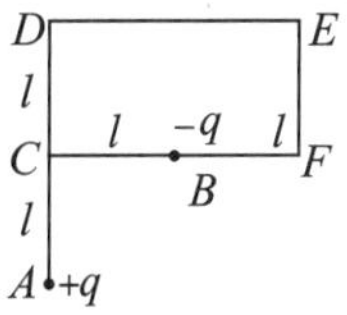

   A. $\dfrac{q}{4\pi\varepsilon_0 l^2}\cdot\dfrac{\sqrt{5}-1}{\sqrt{5}}$
   B. $\dfrac{q}{4\pi\varepsilon_0 l}\cdot\dfrac{1-\sqrt{5}}{\sqrt{5}}$
   C. $\dfrac{q}{4\pi\varepsilon_0 l}\cdot\dfrac{\sqrt{3}-1}{\sqrt{3}}$
   D. $\dfrac{q}{4\pi\varepsilon_0 l}\cdot\dfrac{\sqrt{5}-1}{\sqrt{5}}$

6. 如图6所示,一块厚度为 d 的"无限大"均匀带电导体板,电荷面密度为 σ,则板的两侧离板面距离均为 h 的两点 a、b 之间的电势差为( ).

A. 0
B. $\dfrac{\sigma}{2\varepsilon_0}$
C. $\dfrac{\sigma h}{\varepsilon_0}$
D. $\dfrac{2\sigma h}{\varepsilon_0}$

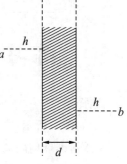

图6

二、填空题

1. 电量分别为 q_1、q_2、q_3 的三个点电荷位于一个圆的直径上,两个在圆周上,一个在圆心.如图7所示.设无穷远处为电势零点,圆半径为 R,则 b 点处的电势 $U = $ _____.

2. 如图8所示,在场强为 E 的均匀电场中,A、B 两点间距离为 d,AB 连线方向与 E 的夹角为 α.从 A 点经任意路径到 B 点的场强线积分 $\int_{AB} \boldsymbol{E} \cdot \mathrm{d}\boldsymbol{l} = $ _____.

3. 如图9所示,BCD 是以 O 点为圆心、以 R 为半径的半圆弧,在 A 点有一个电量为 $-q$ 的点电荷,O 点有一个电量为 $+q$ 的点电荷.线段 $\overline{BA} = R$.现将一个单位正电荷从 B 点沿半圆弧轨道 BCD 移到 D 点,则电场力所做的功为 _____.

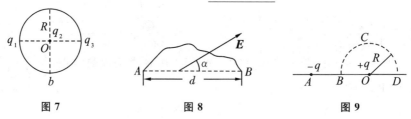

图7　　　　　　图8　　　　　　图9

4. 在点电荷 q 的电场中,把一个 -1.0×10^{-9} C 的电荷,从无限远处(设无限远处电势为零)移到离该点电荷距离 0.1 m 处,克服电场力做功 1.8×10^{-5} J,则该点电荷 $q = $ _____.(真空介电常量 $\varepsilon_0 = 8.85 \times 10^{-12}$ C^2/(N·m^2))

三、计算题

1. 如图10所示,一个均匀带电的球层,其电量为 Q,球层内表面半径为 R_1,外表面半径为 R_2.设无穷远处为电势零点,求空腔内任一点($r < R_1$)的电势.

图10

2.已知电荷线密度为 λ 的无限长均匀带电直线附近的电场强度为 $E=\lambda/(2\pi\varepsilon_0 r)$.

(1)求在 r_1、r_2 两点间的电势差 $U_{r_1}-U_{r_2}$;

(2)在点电荷的电场中,曾取 $r\to\infty$ 处的电势为零,求均匀带电直线附近的电势能否这样取?试说明之.

班级_____ 姓名_____ 序号_____ 成绩_____

练习 31 静电场中的导体

一、选择题

1. 在均匀电场中各点,下列诸物理量中:(1)电场强度;(2)电势;(3)电势梯度.相等的物理量是(　　).
   A.(1)(3)　　　　B.(1)(2)　　　　C.(2)(3)　　　　D.(1)(2)(3)

2. 一个"无限大"带负电荷的平面,若设平面所在处为电势零点,取 x 轴垂直带电平面,原点在带电平面处,则其周围空间各点电势 U 随坐标 x 的关系曲线为图 1 中的哪一个?(　　)

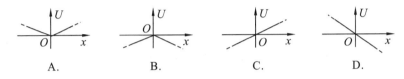

图 1

3. 一个"无限大"均匀带电平面 A,其附近放一块与它平行的有一定厚度的"无限大"平面导体板 B,如图 2 所示.已知 A 上的电荷面密度为 σ,则在导体板 B 的两个表面 1 和 2 上的感应电荷面密度为(　　).
   A. $\sigma_1=-\sigma, \sigma_2=+\sigma$
   B. $\sigma_1=-\sigma/2, \sigma_2=+\sigma/2$
   C. $\sigma_1=-\sigma, \sigma_2=0$
   D. $\sigma_1=-\sigma/2, \sigma_2=-\sigma/2$

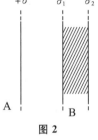

图 2

4. 有一个接地的金属球,用一根弹簧吊起,金属球原来不带电.若在它的下方放置一个电荷为 q 的点电荷,如图 3 所示,则(　　).
   A. 只有当 $q>0$ 时,金属球才下移
   B. 只有当 $q<0$ 时,金属球才下移
   C. 无论 q 是正是负金属球都下移
   D. 无论 q 是正是负金属球都不动

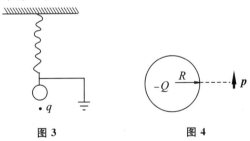

图 3　　　　图 4

5. 一个带有负电荷的均匀带电球体外,放置一个电偶极子,其电矩的方向如图 4 所示.当电偶极子被释放后,该电偶极子将(　　).
   A. 沿逆时针方向旋转至电矩 p 指向球面而停止
   B. 沿逆时针方向旋转至 p 指向球面,同时沿电力线方向向着球面移动
   C. 沿逆时针方向旋转至 p 指向球面,同时逆电力线方向远离球面移动
   D. 沿顺时针方向旋转至 p 沿径向朝外,同时沿电力线方向向着球面移动

6.当一个带电导体达到静电平衡时( ).

A.表面上电荷密度较大处电势较高

B.表面曲率较大处电势较高

C.导体内部的电势比导体表面的电势高

D.导体内任一点与其表面上任一点的电势差等于零

二、填空题

1.一个平行板电容器,极板面积为 S,相距为 d.若 B 板接地,且保持 A 板的电势 $U_A=U_0$ 不变,如图 5 所示.把一块面积相同的带电量为 Q 的导体薄板 C 平行地插入两板之间,则导体薄板 C 的电势 $U_C=$ _____.

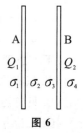

图 5

2.任意带电体在导体体内(不是空腔导体的腔内)_____(填会或不会)产生电场,处于静电平衡下的导体,空间所有电荷(含感应电荷)在导体体内产生电场的_____(填矢量和标量)叠加为零.

3.处于静电平衡下的导体_____(填是或不是)等势体,导体表面_____(填是或不是)等势面,导体表面附近的电场线与导体表面相互_____,导体体内的电势_____(填大于,等于或小于)导体表面的电势.

4.在一个不带电的导体球壳内,先放进一电荷为 $+q$ 的点电荷,点电荷不与球壳内壁接触.然后使该球壳与地接触一下,再将点电荷 $+q$ 取走.此时,球壳的电荷为_____,电场分布的范围是_____.

三、计算题

如图 6 所示,面积均为 $S=0.1\ \text{m}^2$ 的两金属平板 A、B 平行对称放置,间距为 $d=1\ \text{mm}$,今给 A、B 两板分别带电 $Q_1=3.54\times10^{-9}\ \text{C}$,$Q_2=1.77\times10^{-9}\ \text{C}$.忽略边缘效应,求:

(1)两板共四个表面的面电荷密度 σ_1,σ_2,σ_3,σ_4;

(2)两板间的电势差 $\Delta U=U_A-U_B$.

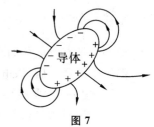

图 6

四、证明题

如图 7 所示,置于静电场中的一个导体,在静电平衡后,导体表面出现正、负感应电荷.试用静电场的环路定理证明,图中从导体上的正感应电荷出发,终止于同一导体上的负感应电荷的电场线不能存在.

图 7

班级_____ 姓名_____ 序号_____ 成绩_____

练习 32　静电场中的电介质

一、选择题

1. 在一个点电荷 q 产生的静电场中，一块电介质如图 1 放置，以点电荷所在处为球心作一球形闭合面 S，则对此球形闭合面（　　）．
   A. 高斯定理成立，且可用它求出闭合面上各点的场强
   B. 高斯定理成立，但不能用它求出闭合面上各点的场强
   C. 由于电介质不对称分布，高斯定理不成立
   D. 即使电介质对称分布，高斯定理也不成立

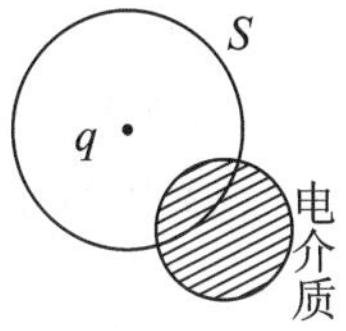

图 1

2. 半径分别为 R 和 r 的两个金属球，相距很远．用一根长导线将两球连接，并使它们带电．在忽略导线影响的情况下，两球表面的电荷面密度之比 σ_R/σ_r 为（　　）．
   A. R/r　　　　B. R^2/r^2　　　　C. r^2/R^2　　　　D. r/R

3. 如果在空气平行板电容器的两极板间平行地插入一块与极板面积相同的各向同性均匀电介质板，由于该电介质板的插入和它在两极板间的位置不同，对电容器电容的影响为（　　）．
   A. 使电容减小，但与介质板相对极板的位置无关
   B. 使电容减小，且与介质板相对极板的位置有关
   C. 使电容增大，但与介质板相对极板的位置无关
   D. 使电容增大，且与介质板相对极板的位置有关

4. 欲测带正电荷大导体附近 P 点处的电场强度，将一个带电量为 q_0（$q_0>0$）的点电荷放在 P 点，如图 2 所示．测得它所受的电场力为 F．若电量不是足够小，则（　　）．
   A. F/q_0 比 P 点处场强的数值小
   B. F/q_0 比 P 点处场强的数值大
   C. F/q_0 与 P 点处场强的数值相等
   D. F/q_0 与 P 点处场强的数值关系无法确定

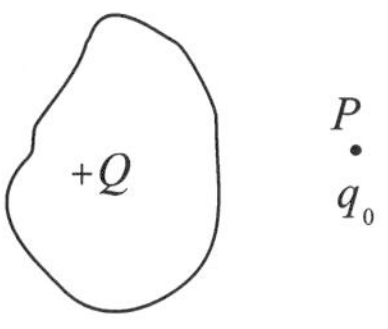

图 2

5. 三块互相平行的导体板，相互之间的距离 d_1 和 d_2 比板面积线度小得多，外面两板用导线连接．中间板上带电，设左右两面上电荷面密度分别为 σ_1 和 σ_2，如图 3 所示．则比值 σ_1/σ_2 为（　　）．
   A. d_1/d_2　　　　B. 1
   C. d_2/d_1　　　　D. d_2^2/d_1^2

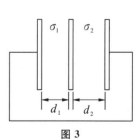

图 3

6. 一个平行板电容器与电源相连，电源端电压为 U，电容器极板间距离为 d．电容器中充满两块大小相同、介电常量（电容率）分别为 ε_1、ε_2 的均匀介质板，如图 4 所示，则左、右两侧介质中的电位移矢量 D 的大小分别为（　　）．
   A. $\varepsilon_0 U/d$，$\varepsilon_0 U/d$
   B. $\varepsilon_1 U/d$，$\varepsilon_2 U/d$
   C. $\varepsilon_0\varepsilon_1 U/d$，$\varepsilon_0\varepsilon_2 U/d$
   D. $U/(\varepsilon_1 d)$，$U/(\varepsilon_2 d)$

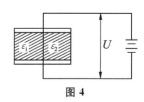

图 4

二、填空题

1. 分子中正负电荷的中心重合的分子称_____分子,正负电荷的中心不重合的分子称_____分子.

2. 在静电场中极性分子的极化是分子固有电矩受外电场力矩作用而沿外场方向_____而产生的,称_____极化. 非极性分子极化是分子中电荷受外电场力使正负电荷中心发生_____,从而产生附加电矩(感应电矩),称_____极化.

3. 如图5,面积均为S的两金属平板A、B平行对称放置,间距远小于金属平板的长和宽,今给A板带电Q,
   (1) B板不接地时,B板内侧的感应电荷的面密度为_____;
   (2) B板接地时,B板内侧的感应电荷的面密度为_____.

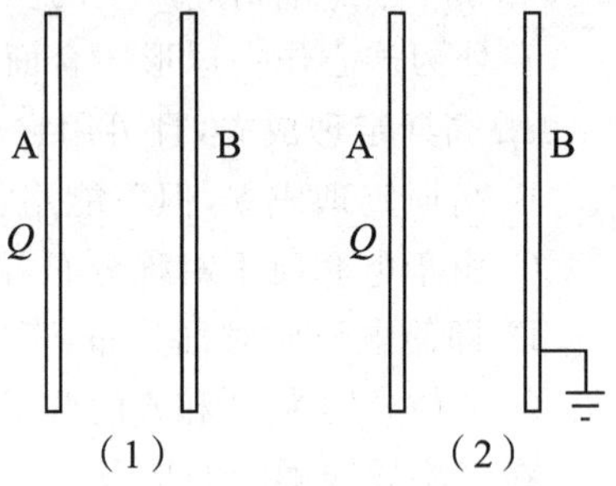

4. 半径为R_1和R_2的两个同轴金属圆筒,其间充满着相对电容率为ε_r的均匀介质. 设两筒上单位长度带有的电荷分别为$+\lambda$和$-\lambda$,则介质中离轴线的距离为r处的电位移矢量的大小$D=$_____,电场强度的大小$E=$_____.

图 5

三、计算题

如图6所示,一个球形电容器,内球壳半径为R_1,外球壳半径为R_2 ($R_2<\sqrt{2}R_1$),其间充有相对介电常数分别为ε_{r1}和ε_{r2}的两层各向同性均匀电介质($\varepsilon_{r2}=\varepsilon_{r1}/2$),其界面半径为$R$. 若两种电介质的击穿电场强度相同,问:

(1) 当电压升高时,哪层介质先击穿?
(2) 该电容器能承受多高的电压?

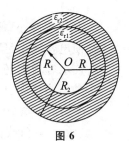

图 6

四、证明题

如图7所示,一个平行板电容器,极板面积为S,两板间距离为d,其间充有两层各向同性均匀电介质,相对介电常数分别为ε_{r1}和ε_{r2},且各占一半体积.试证该电容器的电容为$C=\dfrac{2\varepsilon_0\varepsilon_{r1}\varepsilon_{r2}S}{d(\varepsilon_{r1}+\varepsilon_{r2})}$并说明该电容器相当于上、下两部分作为单独电容器的串联.

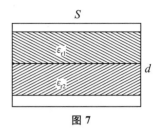

图7

练习 33　磁感应强度　毕奥-萨伐尔定律

一、选择题

1. 边长为 L 的一个导体方框上通有电流 I，则此框中心的磁感应强度（　　）.
   A. 与 L 无关
   B. 正比于 L^2
   C. 与 L 成正比
   D. 与 L 成反比
   E. 与 I^2 有关

2. 如图 1 所示，边长为 l 的正方形线圈中通有电流 I，则此线圈在 A 点产生的磁感应强度为（　　）.
   A. $\dfrac{\sqrt{2}\mu_0 I}{4\pi l}$
   B. $\dfrac{\sqrt{2}\mu_0 I}{2\pi l}$
   C. $\dfrac{\sqrt{2}\mu_0 I}{\pi l}$
   D. 以上均不对

图 1

3. 电流 I 由长直导线 1 沿对角线 AC 方向经 A 点流入一个电阻均匀分布的正方形导线框，再由 D 点沿对角线 BD 方向流出，经长直导线 2 返回电源，如图 2 所示. 若载流直导线 1、2 和正方形框在导线框中心 O 点产生的磁感应强度分别用 $\boldsymbol{B}_1$、$\boldsymbol{B}_2$ 和 $\boldsymbol{B}_3$ 表示，则 O 点磁感应强度的大小为（　　）.
   A. $B=0$. 因为 $B_1=B_2=B_3=0$
   B. $B=0$. 因为虽然 $B_1\neq 0$，$B_2\neq 0$，但 $\boldsymbol{B}_1+\boldsymbol{B}_2=\boldsymbol{0}$，$B_3=0$
   C. $B\neq 0$. 因为虽然 $B_3=0$，但 $\boldsymbol{B}_1+\boldsymbol{B}_2\neq \boldsymbol{0}$
   D. $B\neq 0$. 因为虽然 $\boldsymbol{B}_1+\boldsymbol{B}_2=\boldsymbol{0}$，但 $B_3\neq 0$

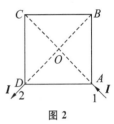

图 2

4. 如图 3 所示，三条平行的无限长直导线，垂直通过边长为 a 的正三角形顶点，每条导线中的电流都是 I，这三条导线在正三角形中心 O 点产生的磁感应强度为（　　）.
   A. $B=0$
   B. $B=\sqrt{3}\mu_0 I/(\pi a)$
   C. $B=\sqrt{3}\mu_0 I/(2\pi a)$
   D. $B=\sqrt{3}\mu_0 I/(3\pi a)$

5. 如图 4 所示，通有电流 I 的无限长直导线有如图三种形状，则 P、Q、O 各点磁感应强度的大小 B_P、B_Q、B_O 间的关系为（　　）.
   A. $B_P>B_Q>B_O$
   B. $B_Q>B_P>B_O$
   C. $B_Q>B_O>B_P$
   D. $B_O>B_Q>B_P$

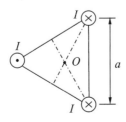

图 3

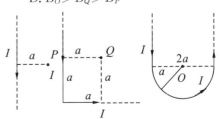

图 4

6. 一个匝数为 N 的正三角形线圈边长为 a，通有电流为 I，则中心处的磁感应强度为（ ）.

A. $B = 3\sqrt{3}\mu_0 NI/(\pi a)$ B. $B = \sqrt{3}\mu_0 NI/(\pi a)$

C. $B = 0$ D. $B = 9\mu_0 NI/(\pi a)$

二、填空题

1. 平面线圈的磁矩为 $\boldsymbol{p}_m = IS\boldsymbol{n}$，其中 S 是电流为 I 的平面线圈_____，$\boldsymbol{n}$ 是平面线圈的法向单位矢量，按右手螺旋法则，当四指的方向代表_____方向时，大拇指的方向代表_____方向.

2. 两个半径分别为 R_1、R_2 的同心半圆形导线，与沿直径的直导线连接同一回路，回路中电流为 I.

(1) 如果两个半圆共面，如图 5(a) 所示，圆心 O 点的磁感应强度 $\boldsymbol{B}_0$ 的大小为_____，方向为_____.

(2) 如果两个半圆面正交，如图 5(b) 所示，则圆心 O 点的磁感应强度 $\boldsymbol{B}_0$ 的大小为_____，$\boldsymbol{B}_0$ 的方向与 y 轴的夹角为_____.

3. 如图 6 所示，在真空中，电流由长直导线 1 沿切向经 a 点流入一个电阻均匀分布的圆环，再由 b 点沿切向流出，经长直导线 2 返回电源.已知直导线上的电流强度为 I，圆环半径为 R，$\angle aOb = 180°$.则圆心 O 点处的磁感应强度的大小 $B = $ _____.

4. 如图 7 所示，边长为 $2a$ 的等边三角形线圈，通有电流 I，则线圈中心处的磁感应强度的大小为_____.

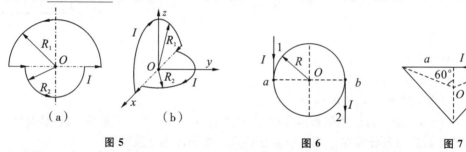

图 5   图 6   图 7

三、计算题

1. 如图 8 所示，一块宽为 $2a$ 的无限长导体薄片，沿长度方向的电流 I 在导体薄片上均匀分布.求中心轴线 OO' 上方距导体薄片为 a 的 P 点的磁感应强度.

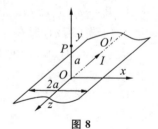

图 8

2. 如图 9 所示,半径为 R 的木球上绕有密集的细导线,线圈平面彼此平行,且以单层线圈覆盖住半个球面.设线圈的总匝数为 N,通过线圈的电流为 I.求球心 O 的磁感应强度.

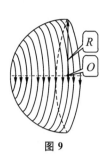

图 9

练习 34 毕奥-萨伐尔定律(续)

一、选择题

1. 在磁感应强度为 B 的均匀磁场中作一个半径为 r 的半球面 S，S 边线所在平面的法线方向单位矢量 n 与 B 的夹角为 θ，如图 1 所示. 则通过半球面 S 的磁通量为(   ).

   A. $\pi r^2 B$ B. $2\pi r^2 B$ C. $-\pi r^2 B\sin\theta$ D. $-\pi r^2 B\cos\theta$

2. 如图 2 所示，六根长导线互相绝缘，通过电流均为 I，区域Ⅰ、Ⅱ、Ⅲ、Ⅳ均为相等的正方形，哪个区域指向纸内的磁通量最大？(   )

   A. Ⅰ区域   B. Ⅱ区域
   C. Ⅲ区域   D. Ⅳ区域
   E. 最大不止一个区域

3. 如图 3 所示，有一个无限大通有电流的扁平铜片，宽度为 a，厚度不计，电流 I 在铜片上均匀分布，在铜片外与铜片共面，离铜片右边缘为 b 处的 P 点的磁感应强度的大小为(   ).

   A. $\dfrac{\mu_0 I}{2\pi(a+b)}$ B. $\dfrac{\mu_0 I}{2\pi b}\ln\dfrac{a+b}{a}$

   C. $\dfrac{\mu_0 I}{2\pi a}\ln\dfrac{a+b}{b}$ D. $\dfrac{\mu_0 I}{2\pi[(a/2)+b]}$

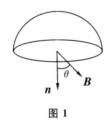
图 1

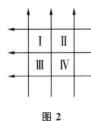
图 2

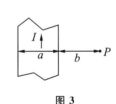
图 3

4. 有一个半径为 R 的单匝圆线圈，通以电流 I. 若将该导线弯成匝数 $N=2$ 的平面圆线圈，导线长度不变，并通以同样的电流，则线圈中心的磁感应强度和线圈的磁矩分别是原来的(   ).

   A. 4 倍和 1/2 倍   B. 4 倍和 1/8 倍
   C. 2 倍和 1/4 倍   D. 2 倍和 1/2 倍

5. 如图 4，载流圆线圈(半径为 R)与正方形线圈(边长为 a)通有相同电流 I，若两线圈中心 O_1 与 O_2 处的磁感应强度大小相同，则半径 R 与边长 a 之比 $R:a$ 为(   ).

   A. $1:1$ B. $\sqrt{2}\pi:1$ C. $\sqrt{2}\pi:4$ D. $\sqrt{2}\pi:8$

6. 如图 5 两个半径为 R 的相同的金属环在 a、b 两点接触(ab 连线为环直径)，并相互垂直放置. 电流 I 沿 ab 连线方向由 a 端流入，b 端流出，则环中心 O 点的磁感应强度的大小为(   ).

   A. 0   B. $\dfrac{\mu_0 I}{4R}$ C. $\dfrac{\sqrt{2}\mu_0 I}{4R}$ D. $\dfrac{\mu_0 I}{R}$

图4　　　　　　　　　　图5

二、填空题

1. 一个电子以速度 $v=1.0\times 10^7$ m/s 做直线运动,在与电子相距 $d=1.0\times 10^{-9}$ m 的一点处,由电子产生的磁场的最大磁感应强度 $B_{\max}=$_____.

2. 如图6,长为 l,带电量为 Q 的均匀带电直线平行于 y 轴,在 xy 平面内沿 x 轴正向以速率 v 运动,近端距 x 轴也为 l,当它运动到与 y 轴重合时,坐标原点的磁感应强度 B 的大小为_____,方向沿_____.

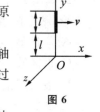

图6

3. 半径为 R 的无限长圆筒形螺线管,在内部产生的是均匀磁场,方向沿轴线,与 I 成右手螺旋;大小为 $\mu_0 nI$,其中 n 为单位长度上的线圈匝数,则通过螺线管横截面磁通量的大小为_____.

4. 两个带电粒子,以相同的速度垂直磁感线飞入匀强磁场,它们的质量之比是 1∶4,电荷之比是 1∶2,它们所受的磁场力之比是_____,运动轨迹半径之比是_____.

三、计算题

1. 在无限长直载流导线的右侧有面积为 S_1 和 S_2 的两个矩形回路,回路旋转方向如图7所示,两个回路与长直载流导线在同一平面内,且矩形回路的一边与长直载流导线平行. 求通过两矩形回路的磁通量,以及通过 S_1 回路的磁通量与通过 S_2 回路的磁通量之比.

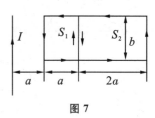

图7

2. 半径为 R 的薄圆盘均匀带电,总电量为 Q. 令此盘绕通过盘心且垂直盘面的轴线做匀速转动,角速度为 ω,求盘心处的磁感应强度的大小和旋转圆盘的磁矩.

班级_____ 姓名_____ 序号_____ 成绩_____

练习35　安培环路定理

一、选择题

1. 用相同细导线分别均匀密绕成两个单位长度匝数相等的半径为 R 和 r 的长直螺线管（$R=2r$），螺线管长度远大于半径. 今让两螺线管载有电流均为 I，则两螺线管中的磁感强度大小 B_R 和 B_r 应满足（　　）.

A. $B_R=2B_r$

B. $B_R=B_r$

C. $2B_R=B_r$

D. $B_R=4B_r$

2. 无限长直圆柱体，半径为 R，沿轴向均匀流有电流. 设圆柱体内（$r<R$）的磁感强度为 B_1，圆柱体外（$r>R$）的磁感强度为 B_2，则有（　　）.

A. B_1、B_2 均与 r 成正比

B. B_1、B_2 均与 r 成反比

C. B_1 与 r 成正比，B_2 与 r 成反比

D. B_1 与 r 成反比，B_2 与 r 成正比

3. 若空间存在两根无限长直载流导线，空间的磁场分布就不具有简单的对称性，则该磁场分布（　　）.

A. 不能用安培环路定理来计算

B. 可以直接用安培环路定理求出

C. 只能用毕奥-萨伐尔定律求出

D. 可以用安培环路定理和磁感强度的叠加原理求出

4. 在图1(a)和图1(b)中各有一个半径相同的圆形回路 L_1 和 L_2，圆周内有电流 I_1 和 I_2，其分布相同，且均在真空中，但在图1(b)中，L_2 回路外有电流 I_3，P_1、P_2 为两圆形回路上的对应点，则（　　）.

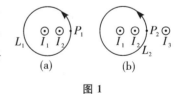

图1

A. $\oint_{L_1} \boldsymbol{B} \cdot \mathrm{d}\boldsymbol{l} = \oint_{L_2} \boldsymbol{B} \cdot \mathrm{d}\boldsymbol{l}$，$\boldsymbol{B}_{P_1} = \boldsymbol{B}_{P_2}$

B. $\oint_{L_1} \boldsymbol{B} \cdot \mathrm{d}\boldsymbol{l} \neq \oint_{L_2} \boldsymbol{B} \cdot \mathrm{d}\boldsymbol{l}$，$\boldsymbol{B}_{P_1} = \boldsymbol{B}_{P_2}$

C. $\oint_{L_1} \boldsymbol{B} \cdot \mathrm{d}\boldsymbol{l} = \oint_{L_2} \boldsymbol{B} \cdot \mathrm{d}\boldsymbol{l}$，$\boldsymbol{B}_{P_1} \neq \boldsymbol{B}_{P_2}$

D. $\oint_{L_1} \boldsymbol{B} \cdot \mathrm{d}\boldsymbol{l} \neq \oint_{L_2} \boldsymbol{B} \cdot \mathrm{d}\boldsymbol{l}, \boldsymbol{B}_{P_1} \neq \boldsymbol{B}_{P_2}$

5. 如图 2 所示，两根直导线 ab 和 cd 沿半径方向被接到一个截面处处相等的铁环上，恒定电流 I 从 a 端流入而从 d 端流出，则磁感应强度 **B** 沿图 2 中闭合路径的积分 $\oint_L \boldsymbol{B} \cdot \mathrm{d}\boldsymbol{l}$ 等于( )．

A. $\mu_0 I$

B. $\mu_0 I/3$

C. $\mu_0 I/4$

D. $2\mu_0 I/3$

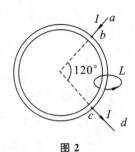

图 2

6. 如图 3，在一个圆形电流 I 所在的平面内，选取一个同心圆形闭合回路 L，则由安培环路定理可知( )．

A. $\oint_L \boldsymbol{B} \cdot \mathrm{d}\boldsymbol{l} = 0$，且环路上任意点 $B \neq 0$

B. $\oint_L \boldsymbol{B} \cdot \mathrm{d}\boldsymbol{l} = 0$，且环路上任意点 $B = 0$

C. $\oint_L \boldsymbol{B} \cdot \mathrm{d}\boldsymbol{l} \neq 0$，且环路上任意点 $B \neq 0$

D. $\oint_L \boldsymbol{B} \cdot \mathrm{d}\boldsymbol{l} \neq 0$，且环路上任意点 $B = 0$

图 3

二、填空题

1. 在安培环路定理中 $\oint_L \boldsymbol{B} \cdot \mathrm{d}\boldsymbol{l} = \mu_0 \sum I_i$，其中 $\sum I_i$ 是指_____；**B** 是指_____，**B** 是由环路_____的电流产生的．

2. 两根长直导线通有电流 I，图 4 所示有三种环路，对于环路 a，$\oint_{L_a} \boldsymbol{B} \cdot \mathrm{d}\boldsymbol{l} =$_____；对于环路 b，$\oint_{L_b} \boldsymbol{B} \cdot \mathrm{d}\boldsymbol{l} =$_____；对于环路 c，$\oint_{L_c} \boldsymbol{B} \cdot \mathrm{d}\boldsymbol{l} =$_____．

3. 圆柱体上载有电流 I，电流在其横截面上均匀分布，一个回路 L 通过圆柱内部，将圆柱体横截面分为两部分，其面积大小分别为 S_1 和 S_2，如图 5 所示．则 $\oint_L \boldsymbol{B} \cdot \mathrm{d}\boldsymbol{l} =$_____．

4. 如图 6，两根导线沿半径方向引到铁环上的 A、A′ 两点，并在很远处与电源相连，则环中心的磁感应强度为_____．

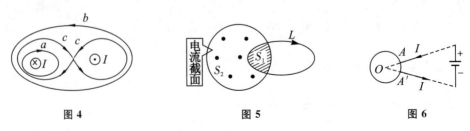

图 4　　　图 5　　　图 6

三、计算题

1. 如图 7 所示,一根半径为 R 的无限长载流直导体,其中电流 I 沿轴向流过,并均匀分布在横截面上. 现在导体上有一个半径为 R' 的圆柱形空腔,其轴与直导体的轴平行,两轴相距为 d. 试求空腔中 O' 点的磁感强度.

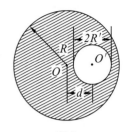

图 7

2. 设有两无限大平行载流平面,它们的电流密度均为 j,电流流向相反. 求:

(1) 载流平面之间的磁感强度;

(2) 两面之外空间的磁感强度.

班级_____   姓名_____   序号_____   成绩_____

练习36 安培力 洛仑兹力

一、选择题

1. 有一个由 N 匝细导线绕成的平面正三角形线圈,边长为 a,通有电流 I,置于均匀外磁场 $\boldsymbol{B}$ 中,当线圈平面的法向与外磁场同向时,该线圈所受的磁力矩 M_m 为( ).

A. $\sqrt{3}Na^2IB/2$ B. $\sqrt{3}Na^2IB/4$ C. $\sqrt{3}Na^2IB\sin60°$ D. 0

2. 如图1所示. 匀强磁场中有一个矩形通电线圈,它的平面与磁场平行,在磁场作用下,线圈发生转动,其方向是( ).

A. ab 边转入纸内,cd 边转出纸外
B. ab 边转出纸外,cd 边转入纸内
C. ad 边转入纸内,bc 边转出纸外
D. ad 边转出纸外,bc 边转入纸内

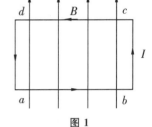

图 1

3. 若一个平面载流线圈在磁场中既不受力,也不受力矩作用,这说明( ).

A. 该磁场一定不均匀,且线圈的磁矩方向一定与磁场方向平行
B. 该磁场一定不均匀,且线圈的磁矩方向一定与磁场方向垂直
C. 该磁场一定均匀,且线圈的磁矩方向一定与磁场方向平行
D. 该磁场一定均匀,且线圈的磁矩方向一定与磁场方向垂直

4. 一张气泡室照片表明,质子的运动轨迹是一条半径为 10 cm 的圆弧,运动轨迹平面与磁感强度大小为 0.3 T 的磁场垂直. 该质子动能的数量级为( ).

A. 0.01 MeV   B. 1 MeV   C. 0.1 MeV   D. 10 MeV

5. 一个电子以速度 v 垂直地进入磁感强度为 $\boldsymbol{B}$ 的均匀磁场中,此电子在磁场中运动的轨道所围的面积内的磁通量是( ).

A. 正比于 B,反比于 v^2 B. 反比于 B,正比于 v^2
C. 正比于 B,反比于 v D. 反比于 B,反比于 v

6. 一个匀强磁场,其磁感强度方向垂直于纸面(指向如图2),两带电粒子在该磁场中的运动轨迹如图2所示,则( ).

A. 两粒子的电荷必然同号
B. 粒子的电荷可以同号也可以异号
C. 两粒子的动量大小必然不同
D. 两粒子的运动周期必然不同

二、填空题

1. 如图3所示,在真空中有一根半径为 R 的 3/4 圆弧形的导线,其中通以稳恒电流 I,导线置于均匀外磁场中,且 $\boldsymbol{B}$ 与导线所在平面平行. 则该载流导线所受的大小为_____.

2. 磁场中某点磁感强度的大小为 2.0 Wb/m²,在该点一个圆形试验线圈所受的磁力矩为

最大磁力矩 6.28×10^{-6} m·N,如果通过的电流为 10 mA,则可知线圈的半径为_____m,这时线圈平面法线方向与该处磁场方向的夹角为_____.

3. 一个半圆形闭合线圈,半径 $R=0.2$ m,通过电流 $I=5$ A,放在均匀磁场中.磁场方向与线圈平面平行,如图 4 所示.磁感应强度 $B=0.5$ T.则线圈所受到磁力矩为_____.若此线圈受磁力矩的作用从上述位置转到线圈平面与磁场方向成 30°的位置,则此过程中磁力矩做功为_____.

4. 如图 5,一根载流导线被弯成半径为 R 的 1/4 圆弧,放在磁感强度为 B 的均匀磁场中,则载流导线 ab 所受磁场的作用力的大小为_____,方向_____.

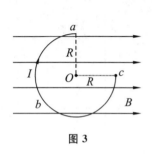

图 3

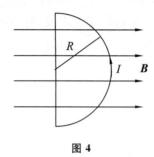

图 4

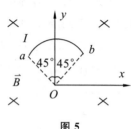

图 5

三、计算题

1. 一个边长 $a=10$ cm 的正方形铜导线线圈(铜导线横截面积 $S=2.00$ mm^2,铜的密度 $\rho=8.90$ g/cm^3),放在均匀外磁场中.$\boldsymbol{B}$ 竖直向上,且 $B=9.40\times10^{-3}$ T,线圈中电流为 $I=10$ A.线圈在重力场中求:

(1) 使线圈平面保持竖直,则线圈所受的磁力矩为多少.

(2) 假若线圈能以某一条水平边为轴自由摆动,当线圈平衡时,线圈平面与竖直面夹角为多少.

2. 如图 6 所示,半径为 R 的半圆线圈 ACD 通有电流 I_2,置于电流为 I_1 的无限长直线电流的磁场中,直线电流 I_1 恰过半圆的直径,两导线相互绝缘.求半圆线圈受到长直线电流 I_1 的磁力.

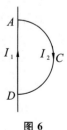

图 6

班级_____ 姓名_____ 序号_____ 成绩_____

练习37　物质的磁性

一、选择题

1. 用细导线均匀密绕成长为 l、半径为 $a(l\gg a)$、总匝数为 N 的螺线管,管内充满相对磁导率为 μ_r 的均匀磁介质. 若线圈中载有恒定电流 I,则管中任意一点(　　).
   A. 磁场强度大小为 $H=NI$,磁感应强度大小为 $B=\mu_0\mu_r NI$
   B. 磁场强度大小为 $H=\mu_0 NI/l$,磁感应强度大小为 $B=\mu_0\mu_r NI/l$
   C. 磁场强度大小为 $H=NI/l$,磁感应强度大小为 $B=\mu_r NI/l$
   D. 磁场强度大小为 $H=NI/l$,磁感应强度大小为 $B=\mu_0\mu_r NI/l$

2. 图1所示为某细螺绕环,它是由表面绝缘的导线在铁环上密绕而成,每厘米绕10匝线圈. 当导线中的电流 $I=2.0$ A 时,测得铁环内的磁感应强度的大小 $B=1.0$ T,则可求得铁环的相对磁导率 μ_r 为(　　).
   A. 7.96×10^2　　　　　　　　B. 3.98×10^2
   C. 1.99×10^2　　　　　　　　D. 63.3

图1

3. 如图2所示,一个磁导率为 μ_1 的无限长均匀磁介质圆柱体,半径为 R_1,其中均匀地通过电流 I. 在它外面还有一个半径为 R_2 的无限长同轴圆柱面,其上通有与前者方向相反的电流 I,两者之间充满磁导率为 μ_2 的均匀磁介质,则在 $0<r<R_1$ 的空间磁场强度的大小 H 为(　　).
   A. 0　　　　B. $I/(2\pi r)$　　　　C. $I/(2\pi R_1)$　　　　D. $Ir/(2\pi R_1^2)$

4. 图3中,M、P、O 为软磁材料制成的棒,三者在同一平面内,当 K 闭合后(　　).
   A. P 的左端出现 N 极　　　　　　B. M 的左端出现 N 极
   C. O 的右端出现 N 极　　　　　　D. P 的右端出现 N 极

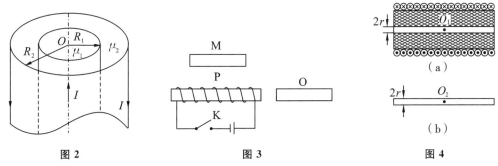

图2　　　　　　　　　图3　　　　　　　　　图4

5. 一个长直螺旋管内充满磁介质,若在螺旋管中沿轴挖去一个半径为 r 的长圆柱,此时空间中心 O_1 点的磁感应强度为 B_1,磁场强度为 H_1,如图4(a)所示;另有一根沿轴向均匀磁化的半径为 r 的长直永磁棒,磁化强度为 M,磁棒中心 O_2 点的磁感应强度为 B_2,磁场强度为 H_2,如图4(b)所示. 若永磁棒的 M 与螺旋管内磁介质的磁化强度相等,则 O_1、O_2 处磁场之间的关系满足(　　).
   A. $B_1\neq B_2$;$H_1=H_2$　　　　　　B. $B_1=B_2$;$H_1\neq H_2$
   C. $B_1\neq B_2$;$H_1\neq H_2$　　　　　　D. $B_1=B_2$;$H_1=H_2$

6. 用顺磁质做成一个空心圆柱形细管,然后在管面上密绕一层细导线.当导线中通以稳恒电流时,下述四种说法中哪种正确?(　　　)
A. 管外和管内空腔处的磁感应强度均为零
B. 介质中的磁感应强度比空腔处的磁感应强度大
C. 介质中的磁感应强度比空腔处的磁感应强度小
D. 介质中的磁感应强度与空腔处的磁感应强度相等

二、填空题

1. 空气中某处的磁感应强度 $B=1$ T,空气的磁化率 $\chi_m=3.04\times10^{-4}$,那么此处磁场强度 $H=$＿＿＿＿＿＿,此处空气的磁化强度 $M=$＿＿＿＿＿＿.

2. 一个半径为 R 的圆筒形导体,筒壁很薄,可视为无限长,通有电流 I,筒外有一层厚度为 d、磁导率为 μ 的均匀顺磁介质,介质外为真空,在图5的坐标中,画出此磁场的 $H\text{-}r$ 图及 $B\text{-}r$ 图.(要求:在图上标明各曲线端点的坐标及所代表的函数值,不必写出计算过程.)

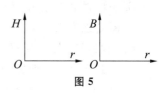

图 5

3. 硬磁材料的特点是＿＿＿＿＿＿,适于制造＿＿＿＿＿＿.

4. 截面积为 $5\ \text{cm}^2$,中心线周长为 $40\ \text{cm}$ 的软铁环绕有 5000 匝漆包线.当 $\mu_r=4000$ 时,铁芯中磁通量 $\Phi_m=3.14\times10^{-2}$ Wb.那么此时导线中电流强度 $I=$＿＿＿＿＿＿,环中的磁化强度的大小 $M=$＿＿＿＿＿＿.

三、计算题

1. 一块厚度为 b 的无限大平板中通有一个方向的电流,平板内各点的电导率为 γ,电场强度为 E,方向如图6所示,平板的相对磁导率为 μ_{r1},平板两侧充满相对磁导率为 μ_{r2} 的各向同性的均匀磁介质,试求板内外任意点的磁感应强度.

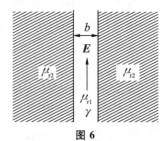

图 6

2. 一根同轴电缆线由半径为 R_1 的长导线和套在它外面的半径为 R_2 的同轴薄导体圆筒组成,中间充满磁化率为 χ_m 的各向同性均匀非铁磁绝缘介质,如图7所示.传导电流沿导线向上流出,由圆筒向下流回,电流在截面上均匀分布.求介质内外表面的磁化电流的大小及方向.

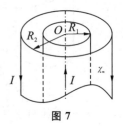

图 7

练习 38　电磁感应定律　动生电动势

一、选择题

1. 尺寸相同的铁环与铜环所包围的面积中,通以相同变化率的磁通量,则环中(　　).
   A. 感应电动势不同,感应电流不同　　B. 感应电动势相同,感应电流相同
   C. 感应电动势不同,感应电流相同　　D. 感应电动势相同,感应电流不同

2. 如图 1 所示,一根载流螺线管的旁边有一个圆形线圈,欲使线圈产生图示方向的感应电流 i,下列哪种情况可以做到?
 (　　).
   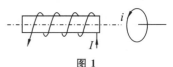
   图 1

   A. 载流螺线管向线圈靠近
   B. 载流螺线管离开线圈
   C. 载流螺线管中电流增大
   D. 载流螺线管中插入铁芯

3. 在一个通有电流 I 的无限长直导线所在平面内,有一个半径为 r、电阻为 R 的导线环,环中心距直导线为 a,如图 2 所示,且 $a \gg r$. 当直导线的电流被切断后,沿导线环流过的电量约为(　　).
   A. $\dfrac{\mu_0 I r^2}{2\pi R}\left(\dfrac{1}{a}-\dfrac{1}{a+r}\right)$　　B. $\dfrac{\mu_0 I a^2}{2rR}$　　C. $\dfrac{\mu_0 I r}{2\pi R}\ln\dfrac{a+r}{a}$　　D. $\dfrac{\mu_0 I r^2}{2aR}$

4. 如图 3 所示,导体棒 AB 在均匀磁场中绕通过 C 点的垂直于棒长且沿磁场方向的轴 OO' 转动(角速度 ω 与 $\boldsymbol{B}$ 同方向),BC 的长度为棒长的 1/3. 则(　　).
   A. A 点比 B 点电势高　　B. A 点与 B 点电势相等
   C. A 点比 B 点电势低　　D. 有稳恒电流从 A 点流向 B 点

5. 如图 4 所示,直角三角形金属框架 abc 放在均匀磁场中,磁场 $\boldsymbol{B}$ 平行于 ab 边,bc 的长度为 l. 当金属框架绕 ab 边以匀角速度 ω 转动时,abc 回路中的感应电动势 ε 和 a、c 两点的电势差 $U_a - U_c$ 为(　　).
   A. $\varepsilon = 0$,$U_a - U_c = B\omega l^2/2$　　B. $\varepsilon = B\omega l^2$,$U_a - U_c = B\omega l^2/2$
   C. $\varepsilon = 0$,$U_a - U_c = -B\omega l^2/2$　　D. $\varepsilon = B\omega l^2$,$U_a - U_c = -B\omega l^2/2$

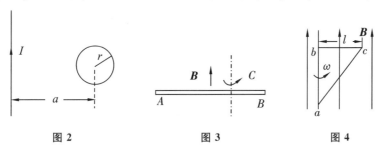

图 2　　　　　图 3　　　　　图 4

6. 圆铜盘水平放置在均匀磁场中如图 5,$\vec{B}$ 的方向垂直盘面向上. 当铜盘绕通过中心垂直

于盘面的轴沿图示方向转动时（　　）．

A. 铜盘上有感应电流产生，沿着铜盘转动的相反方向流动

B. 铜盘上有感应电流产生，沿着铜盘转动的方向流动

C. 铜盘上产生涡流

D. 铜盘上有感应电动势产生，铜盘边缘处电势最高

E. 铜盘上有感应电动势产生，铜盘中心处电势最高

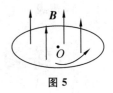

图 5

二、填空题

1. 如图 6 所示，半径为 r_1 的小导线环，置于半径为 r_2 的大导线环中心，两者在同一个平面内，且 $r_1 \ll r_2$．在大导线环中通有正弦电流 $I = I_0 \sin\omega t$，其中 ω、I 为常数，t 为时间，则任一时刻小导线环中感应电动势的大小为_____．设小导线环的电阻为 R，则在 $t=0$ 到 $t=\pi/(2\omega)$ 时间内，通过小导线环某截面的感应电量为 $q=$_____．

2. 如图 7 所示，长直导线中通有电流 I，有一根与长直导线共面且垂直于导线的细金属棒 AB，以速度 v 平行于长直导线做匀速运动．① 金属棒 AB 两端的电势 U_A _____ U_B（填＞、＜、＝）．② 若将电流 I 反向，AB 两端的电势 U_A _____ U_B（填＞、＜、＝）．③ 若将金属棒与导线平行放置，AB 两端的电势 U_A _____ U_B（填＞、＜、＝）．

3. 半径为 R 的金属圆板在均匀磁场中以角速度 ω 绕中心轴旋转，均匀磁场的方向平行于转轴，如图 8 所示．这时板中由中心至同一边缘点的不同曲线上总感应电动势的大小为_____，方向_____．

4. 如图 9 所示，一根导线构成一个正方形线圈然后对折，并使其平面垂直置于均匀磁场 $\vec{B}$．当线圈的一半不动，另一半以角速度 ω 张开时（线圈边长为 $2l$），线圈中感应电动势的大小 $\varepsilon=$_____．（设此时的张角为 θ）

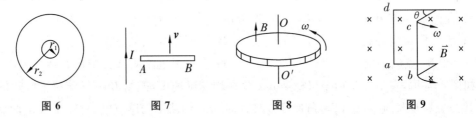

图 6　　　图 7　　　图 8　　　图 9

三、计算题

1. 如图 10 所示，长直导线 AC 中的电流 I 沿导线向上，并以 $dI/dt = 2$ A/s 的变化率均匀增长．导线附近放一个与之同面的直角三角形线框，其一边与导线平行，位置及线框尺寸如图 10 所示．求此线框中产生的感应电动势的大小和方向．

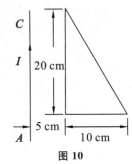

图 10

2. 一条很长的长方形的 U 形导轨,与水平面成 θ 角,裸导线可在导轨上无摩擦地下滑,导轨位于磁感强度 **B** 垂直向上的均匀磁场中,如图 11 所示.设导线 ab 的质量为 m,电阻为 R,长度为 l,导轨的电阻略去不计,abcd 形成电路. $t=0$ 时,$v=0$. 求:

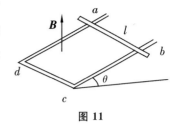

图 11

(1) 导线 ab 下滑的速度 v 与时间 t 的函数关系;

(2) 导线 ab 的最大速度 v_m.

练习39　感生电动势　自感

一、选择题

1. 一块铜板放在磁感应强度正在增大的磁场中时,铜板中出现涡流(感应电流),则涡流将( ).

   A. 减缓铜板中磁场的增加　　　　B. 加速铜板中磁场的增加

   C. 对磁场不起作用　　　　　　　D. 使铜板中磁场反向

2. 磁感应强度为 B 的均匀磁场被限制在圆柱形空间内,B 的大小以速率 $dB/dt>0$ 变化,在磁场中有一个等腰三角形 ACD 导线线圈如图1放置,在导线 CD 中产生的感应电动势为 ε_1,在导线 CAD 中产生的感应电动势为 ε_2,在导线线圈 $ACDA$ 中产生的感应电动势为 ε.则( ).

   A. $\varepsilon_1=-\varepsilon_2,\varepsilon=\varepsilon_1+\varepsilon_2=0$

   B. $\varepsilon_1>0,\varepsilon_2<0,\varepsilon=\varepsilon_1+\varepsilon_2>0$

   C. $\varepsilon_1>0,\varepsilon_2>0,\varepsilon=\varepsilon_1-\varepsilon_2<0$

   D. $\varepsilon_1>0,\varepsilon_2>0,\varepsilon=\varepsilon_2-\varepsilon_1>0$

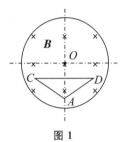

图1

3. 自感为 0.25 H 的线圈中,当电流在 (1/16) s 内由 2 A 均匀减小到零时,线圈中自感电动势的大小为( ).

   A. 7.8×10^{-3} V　　　B. 2.0 V　　　C. 8.0 V　　　D. 3.1×10^{-2} V

4. 匝数为 N 的矩形线圈长为 a 宽为 b,置于均匀磁场 B 中.线圈以角速度 ω 旋转,如图2所示,当 $t=0$ 时线圈平面处于纸面,且 AC 边向外,DE 边向里.设回路正向 $ACDEA$.则任一时刻线圈内感应电动势为( ).

   A. $-abN B\omega\sin\omega t$　　　　B. $abN B\omega\cos\omega t$

   C. $abN B\omega\sin\omega t$　　　　D. $-abN B\omega\cos\omega t$

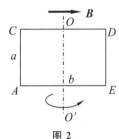

图2

5. 用导线围成如图3所示的正方形加一个对角线回路,中心为 O 点,放在轴线通过 O 点且垂直于图面的圆柱形均匀磁场中.磁场方向垂直图面向里,其大小随时间减小,则感应电流的流向在四图中应为( ).

A.

B.

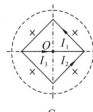
C.

D.

图3

6. 用线圈的自感系数 L 来表示载流线圈磁场能量的公式 $W_m = \frac{1}{2}LI^2$ (　　).

A. 只适用于无限长密绕螺线管

B. 只适用于单匝圆线圈

C. 只适用于一个匝数很多,且密绕的螺绕环

D. 适用于自感系数 L 一定的任意线圈

二、填空题

1. 如图 4 所示. 匀强磁场局限于半径为 R 的圆柱形空间区域, $\boldsymbol{B}$ 垂直于纸面向里, 磁感应强度 B 以 dB/dt = 常量的速率增加. D 点在柱形空间内, 离轴线的距离为 r_1, C 点在圆柱形空间外, 离轴线上的距离为 r_2. 将一个电子(质量为 m, 电量为 $-e$)置于 D 点, 则电子的加速度为 $a_D=$ ＿＿＿, 方向 ＿＿＿; 置于 C 点时, 电子的加速度为 $a_C=$ ＿＿＿, 方向 ＿＿＿.

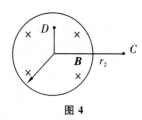

图 4

2. 半径为 a 的长为 $l(l \gg a)$ 密绕螺线管, 单位长度上的匝数为 n, 则此螺线管的自感系数为 ＿＿＿; 当通以电流 $I=I_m\sin\omega t$ 时, 则在管外的同轴圆形导体回路(半径为 $r > a$)上的感生电动势大小为 ＿＿＿.

3. 一根闭合导线被弯成圆心在 O 点、半径为 R 的三段首尾相接的圆弧线圈: 弧 ab, 弧 bc, 弧 ca. 弧 ab 位于 Oxy 平面内, 弧 bc 位于 Oyz 平面内, 弧 ca 位于 Oxz 平面内. 如图 5 所示. 均匀磁场 B 沿 x 轴正向, 设磁感应强度 B 随时间的变化率为 $dB/dt=k(k>0)$, 则闭合回路中的感应电动势为 ＿＿＿, 圆弧 bc 中感应电流的方向为 ＿＿＿.

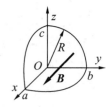

图 5

4. 在一个根铁芯上, 同时绕有两个线圈. 初级线圈的自感应系数为 L_1, 次级线圈的自感应系数为 L_2. 设两个线圈通以电流时, 各自产生的磁通量全部穿过两个线圈. 若初级线圈中通入变化电流 $i_1(t)$, 次级线圈断开, 则次级线圈中的感应电动势为 $\varepsilon_2=$ ＿＿＿.

三、计算题

1. 在半径为 R 的圆柱形空间中存在着均匀磁场 $\boldsymbol{B}$, $\boldsymbol{B}$ 的方向与柱的轴线平行. 有一根长为 $2R$ 的金属棒 MN 放在磁场外, 且与圆柱形均匀磁场相切, 切点为金属棒的中点, 金属棒与磁场 $\boldsymbol{B}$ 的轴线垂直. 如图 6 所示. 设 $\boldsymbol{B}$ 随时间的变化率 dB/dt 为大于零的常量. 求: 棒上感应电动势的大小, 并指出哪一个端点的电势高.

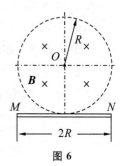

图 6

2. 电量 Q 均匀分布在半径为 a，长为 $L(L \gg a)$ 的绝缘薄壁长圆筒表面上，圆筒以角速度 ω 绕中心轴旋转. 一个半径为 $2a$，电阻为 R 总匝数为 N 的圆线圈套在圆筒上，如图 7 所示. 若圆筒转速按 $\omega = \omega_0(1 - t/t_0)$ 的规律 (ω_0, t_0 为已知常数) 随时间线性地减小，求圆线圈中感应电流的大小和流向.

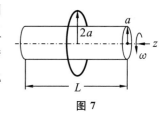

图 7

班级_____ 姓名_____ 序号_____ 成绩_____

练习40　互感　磁场的能量

一、选择题

1. 两个通有电流的平面圆线圈相距不远,如果要使其互感系数近似为零,则应调整线圈的取向,使(　　).
   A. 两线圈平面都平行于两圆心的连线
   B. 两线圈平面都垂直于两圆心的连线
   C. 两线圈中电流方向相反
   D. 一个线圈平面平行于两圆心的连线,另一个线圈平面垂直于两圆心的连线

2. 对于线圈其自感系数的定义式为 $L=\Phi_m/I$.当线圈的几何形状,大小及周围磁介质分布不变,且无铁磁性物质时,若线圈中的电流变小,则线圈的自感系数 L(　　).
   A. 变大,与电流成反比关系　　　　B. 变小
   C. 不变　　　　　　　　　　　　D. 变大,但与电流不成反比关系

3. 一个截面为长方形的环式螺旋管共有 N 匝线圈,其尺寸如图1所示.则其自感系数为(　　).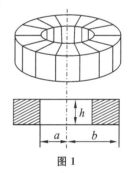
   A. $\mu_0 N^2(b-a)h/(2\pi a)$
   B. $[\mu_0 N^2 h/(2\pi)]\ln(b/a)$
   C. $\mu_0 N^2(b-a)h/(2\pi b)$
   D. $\mu_0 N^2(b-a)h/[\pi(a+b)]$

   图1

4. 一个圆形线圈 C_1 有 N_1 匝,线圈半径为 r.将此线圈放在另一个半径为 $R(R \gg r)$,匝数为 N_2 的圆形大线圈 C_2 的中心,两者同轴共面.则此两个线圈的互感系数 M 为(　　).
   A. $\mu_0 N_1 N_2 \pi R/2$　　B. $\mu_0 N_1 N_2 \pi R^2/(2r)$　　C. $\mu_0 N_1 N_2 \pi r^2/(2R)$　　D. $\mu_0 N_1 N_2 \pi r/2$

5. 可以利用超导线圈中的持续大电流的磁场储存能量,要储存 $1\ \text{kW}\cdot\text{h}$ 的能量,利用 $1.0\ \text{T}$ 的磁场需要的磁场体积为 V,利用电流为 $500\ \text{A}$ 的线圈储存 $1\ \text{kW}\cdot\text{h}$ 的能量,线圈的自感系数为 L,则(　　).
   A. $V=9.05\ \text{m}^3, L=28.8\ \text{H}$　　　　B. $V=7.2\times 10^6\ \text{m}^3, L=28.8\ \text{H}$
   C. $V=9.05\ \text{m}^3, L=1.44\times 10^4\ \text{H}$　　D. $V=7.2\times 10^6\ \text{m}^3, L=1.44\times 10^4\ \text{H}$

6. 在铁环上绕有 $N=200$ 匝的一层线圈,若电流强度 $I=2.5\ \text{A}$,铁环横截面的磁通量为 $\varphi=5\times 10^{-4}\ \text{Wb}$,且铁环横截面的半径远小于铁环的平均半径,则铁环中的磁场能量为(　　).
   A. $0.300\ \text{J}$　　　　B. $0.250\ \text{J}$　　　　C. $0.157\ \text{J}$　　　　D. $0.125\ \text{J}$

二、填空题

1. 如图2所示,有一根无限长直导线绝缘地紧贴在矩形线圈的中心轴 OO' 上,则直导线与矩形线圈间的互感系数为_____.

2. 边长为 a 和 $2a$ 的两正方形线圈 A、B,如图3所示的同轴放置,通有相同的电流 I,线圈 A 的电流所产生的磁场通过线圈 B 的磁通量用 Φ_{BA} 表示,线圈 B 的电流所产生的磁场通

线圈 A 的磁通量用 Φ_{AB} 表示,则二者大小相比较的关系式为_____.

3. 半径为 R 的无线长圆柱形导体,大小为 I 的电流均匀地流过导体截面.则长为 L 的一段导线内的磁场能量 $W=$ _____.

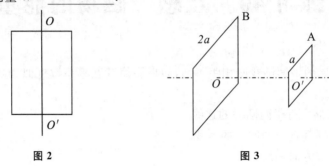

图 2   图 3

4. 一个中空的螺绕环上每厘米绕有 20 匝导线,当通以电流 $I=3$ A 时,环中磁场能量密度 $w=$ _____.

三、计算题

1. 两半径为 a 的长直导线平行放置,相距为 d,组成同一回路,求其单位长度导线的自感系数 L_0.

2. 内外半径为 R、r 的环形螺旋管截面为长方形,共有 N 匝线圈.另有一个矩形导线线圈与其套合,如图 4(a)所示.其尺寸标在图 4(b)所示的截面图中,求其互感系数.

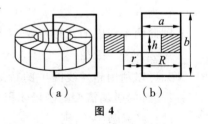

图 4

班级_____　　姓名_____　　序号_____　　成绩_____

练习41　麦克斯韦方程组

一、选择题

1. 如图1所示,平板电容器(忽略边缘效应)充电时,沿环路 L_1、L_2 磁场强度 H 的环流中,必有(　　).

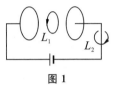

图1

A. $\oint_{L_1} \boldsymbol{H} \cdot \mathrm{d}\boldsymbol{l} > \oint_{L_2} \boldsymbol{H} \cdot \mathrm{d}\boldsymbol{l}$　　　　B. $\oint_{L_1} \boldsymbol{H} \cdot \mathrm{d}\boldsymbol{l} = \oint_{L_2} \boldsymbol{H} \cdot \mathrm{d}\boldsymbol{l}$

C. $\oint_{L_1} \boldsymbol{H} \cdot \mathrm{d}\boldsymbol{l} < \oint_{L_2} \boldsymbol{H} \cdot \mathrm{d}\boldsymbol{l}$　　　　D. $\oint_{L_1} \boldsymbol{H} \cdot \mathrm{d}\boldsymbol{l} = 0$

2. 关于位移电流,下述四种说法哪一种说法正确?(　　)

A. 位移电流是由变化电场产生的　　　　B. 位移电流是由线性变化磁场产生的

C. 位移电流的热效应服从焦耳-楞次定律　　D. 位移电流的磁效应不服从安培环路定理

3. 一列平面电磁波在非色散无损耗的媒质里传播,测得电磁波的平均能流密度为 $3000\ \mathrm{W/m^2}$,媒质的相对介电常数为4,相对磁导率为1,则在媒质中电磁波的平均能量密度为(　　).

A. $1000\ \mathrm{J/m^3}$　　B. $3000\ \mathrm{J/m^3}$　　C. $1.0\times10^{-5}\ \mathrm{J/m^3}$　　D. $2.0\times10^{-5}\ \mathrm{J/m}$

4. 电磁波的电场强度 $\boldsymbol{E}$、磁场强度 $\boldsymbol{H}$ 和传播速度 $\boldsymbol{u}$ 的关系是(　　).

A. 三者互相垂直,而且 $\boldsymbol{E}$ 和 $\boldsymbol{H}$ 相位相差 $\pi/2$

B. 三者互相垂直,而且 $\boldsymbol{E}$、$\boldsymbol{H}$、$\boldsymbol{u}$ 构成右手螺旋直角坐标系

C. 三者中 $\boldsymbol{E}$ 和 $\boldsymbol{H}$ 是同方向的,但都与 $\boldsymbol{u}$ 垂直

D. 三者中 $\boldsymbol{E}$ 和 $\boldsymbol{H}$ 可以是任意方向,但都必须与 $\boldsymbol{u}$ 垂直

5. 设在真空中沿着 x 轴正方向传播的平面电磁波,其电场强度的波的表达式是,$E_z = E_0\cos 2\pi(vt - x/\lambda)$,则磁场强度的波的表达式是(　　).

A. $H_y = \sqrt{\varepsilon_0/\mu_0}\,E_0\cos 2\pi(vt-x/\lambda)$　　B. $H_z = \sqrt{\varepsilon_0/\mu_0}\,E_0\cos 2\pi(vt-x/\lambda)$

C. $H_y = -\sqrt{\varepsilon_0/\mu_0}\,E_0\cos 2\pi(vt-x/\lambda)$　　D. $H_y = -\sqrt{\varepsilon_0/\mu_0}\,E_0\cos 2\pi(vt+x/\lambda)$

6. 如图2所示,空气中有一个无限长金属薄壁圆筒,在表面上沿圆周方向均匀地流着一层随时间变化的面电流 $i(t)$,则(　　).

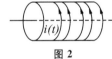

图2

A. 圆筒内均匀地分布着变化磁场和变化电场

B. 任意时刻通过圆筒内假想的任一球面的磁通量和电通量均为零

C. 沿圆筒外任意闭合环路上磁感强度的环流不为零

D. 沿圆筒内任意闭合环路上电场强度的环流为零

二、填空题

1. 加在平行板电容器极板上的电压变化率为 $1.0\times10^6\ \mathrm{V/s}$,在电容器内产生 $1.0\ \mathrm{A}$ 的位移电流,则该电容器的电容量为_____ $\mu\mathrm{F}$.

2. 反映电磁场基本性质和规律的麦克斯韦方程组的积分形式为:

$\oint_S \boldsymbol{D}\cdot\mathrm{d}\boldsymbol{S} = \int_V \rho_0\,\mathrm{d}V$　　　　　　　　　　　　　　①

$\oint_l \boldsymbol{E}\cdot\mathrm{d}\boldsymbol{l} = \int_S (\partial\boldsymbol{B}/\partial t)\cdot\mathrm{d}\boldsymbol{S}$　　　　　　　　　②

$\oint_S \boldsymbol{B}\cdot\mathrm{d}\boldsymbol{S} = 0$　　　　　　　　　　　　　　　　③

$$\oint_l \boldsymbol{H} \cdot d\boldsymbol{l} = \int_s (\boldsymbol{j} + \partial \boldsymbol{D}/\partial t) \cdot d\boldsymbol{S} \qquad ④$$

试判断下列结论是包含或等效于哪一个麦克斯韦方程式的.将你确定的方程式用代号填在相应结论后的空白处.

(1)变化的磁场一定伴随有电场：_____；

(2)磁感应线是无头无尾的：_____；

(3)电荷总伴随有电场：_____.

3.在相对磁导率 $\mu_r = 2$ 和相对电容率 $\varepsilon_r = 4$ 的各向同性的均匀介质中传播的平面电磁波,其磁场强度振幅为 $H_m = 1 \text{ A/m}$,则此电磁波的平均坡印廷矢量大小是_____,而这个电磁波的最大能量密度是_____.

4.一个平行板电容器,两板间为空气,极板是半径为 r 的圆导体片,在充电时极板间电场强度的变化率为 dE/dt,若略去边缘效应,则两极板间位移电流密度为_____；位移电流为_____.

三、计算题

1.给电容为 C 的平行板电容器(设极板间介质电容率为 ε,磁导率为 μ)充电,电流为 $I = I_0 e^{-kt}$(SI), $t = 0$ 时电容器极板上无电荷.求：

(1)板间电压 U 随时间 t 变化的关系.

(2) t 时刻极板间总的位移电流 I_d(忽略边缘效应).

(3)极板空间中 O、A、C 三点处的磁感应强度的大小和方向. O、A、C 三点均在两极板间的某个平行极板的平面与纸面的交线上,具体尺寸如图3所示.

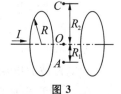

图3

2.一座广播电台的辐射功率是 10 kW.假定辐射场均匀分布在以电台为中心的半球面上,(1)求距离电台为 $r = 10 \text{ km}$ 处的坡印廷矢量的平均值；(2)求该处的电场强度和磁场强度的振幅.

练习42 狭义相对论的基本原理

一、选择题

1. 静止参照系 S 中有一把尺子沿 x 方向放置不动，运动参照系 S' 沿 x 轴运动，S、S' 的坐标轴平行．在不同参照系测量尺子的长度时必须注意（　　）．

A. S' 与 S 中的观察者可以不同时地去测量尺子两端的坐标

B. S' 中的观察者可以不同时，但 S 中的观察者必须同时去测量尺子两端的坐标

C. S' 中的观察者必须同时，但 S 中的观察者可以不同时去测量尺子两端的坐标

D. S' 与 S 中的观察者都必须同时去测量尺子两端的坐标

2. 下列几种说法：

(1) 所有惯性系对一切物理规律都是等价的．

(2) 真空中，光的速度与光的频率、光源的运动状态无关．

(3) 在任何惯性系中，光在真空中沿任何方向的传播速度都相同．

其中哪些是正确的（　　）．

A. 只有(1)、(2)是正确的　　　　　　　　B. 只有(1)、(3)是正确的

C. 只有(2)、(3)是正确的　　　　　　　　D. 三种说法都是正确的

3. 边长为 a 的正方形薄板静止于惯性系 K 的 xOy 平面内，且两边分别与 x 轴、y 轴平行，今有惯性系 K' 以 $0.8c$（c 为真空中光速）的速度相对于 K 系沿 x 轴做匀速直线运动，则从 K' 系测得薄板的面积为（　　）．

A. a^2　　　　B. $0.6a^2$　　　　C. $0.8a^2$　　　　D. $a^2/0.6$

4. 在某地发生两件事，静止位于该地的甲测得时间间隔为 6 s，若相对甲以 $4c/5$（c 表示真空中光速）的速率做匀速直线运动的乙测得时间间隔为（　　）．

A. 10 s　　　B. 8 s　　　C. 6 s　　　D. 3.6 s　　　E. 4.8 s

5. 一个等腰直角三角形以 $v=0.8c$ 的速度沿一条直角边的方向运动，则此直角三角形的三个角 α、β、γ（见图1）在静止的参照系中观察得出的 α'、β'、γ' 将是（　　）．

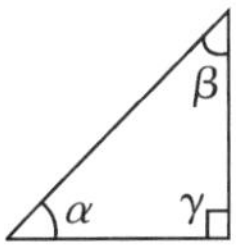

图1

A. $\alpha'=59°,\beta'=31°,\gamma'=90°$　　　　B. $\alpha'=31°,\beta'=59°,\gamma'=90°$

C. $\alpha'=59°,\beta'=59°,\gamma'=62°$　　　　D. $\alpha'=31°,\beta'=31°,\gamma'=118°$

6. 一块均质矩形薄板，在它静止时测得其长为 a，宽为 b，质量为 m_0．由此可算出其面积密度为 m_0/ab．假定该薄板沿长度方向以接近光速的速度 v 做匀速直线运动，此时再测算该矩形薄板的面积密度则为（　　）．

A. $\dfrac{m_0\sqrt{1-(v/c)^2}}{ab}$　　B. $\dfrac{m_0}{ab\sqrt{1-(v/c)^2}}$　　C. $\dfrac{m_0}{ab[1-(v/c)^2]}$　　D. $\dfrac{m_0}{ab[1-(v/c)^2]^{3/2}}$

二、填空题

1. 狭义相对论的两条基本假设是_____原理和_____原理．

2. 有一艘速度为 v 的宇宙飞船沿 x 轴的正方向飞行，飞船头尾各有一个脉冲光源在工作，处于船尾的观察者测得船头光源发出的光脉冲的传播速度大小为_____；处于船头

的观察者测得船尾光源发出的光脉冲的传播速度大小为_____.

3. 观察者测得运动棒的长度是它静止长度的一半,设棒沿其长度方向运动,则棒相对于观察者运动的速度是_____.

4. 已知惯性系 S' 相对于惯性系 S 系以 $0.5c$ 的匀速度沿 x 轴的负方向运动,若从 S' 系的坐标原点 O' 沿 x 轴正方向发出一列光波,则 S 系中测得此光波在真空中的波速为_____.

三、计算题

1. 观察者甲和乙分别静止于两惯性参照系 K 和 K' 中,甲测得在同一地点发生的两事件的时间间隔为 4 s,而乙测得这两事件的时间间隔为 5 s.求:

(1) K' 相对于 K 的运动速度;

(2) 乙测得这两个事件发生地点的空间距离.

2. 静止长度为 90 m 的宇宙飞船以相对地球 $0.8c$ 的速度飞离地球,一个光脉冲从船尾传到船头.求:(1)飞船上的观察者测得该光脉冲走的时间和距离;

(2)地球上的观察者测得该光脉冲走的时间和距离.

练习 43　狭义相对论的时空观

一、选择题

1. 按照相对论的时空观,以下说法错误的是(　　).
   A. 在一个惯性系中不同时也不同地发生的两件事,在另一个惯性系中一定不同时
   B. 在一个惯性系中不同时但同地发生的两件事,在另一个惯性系中一定不同时
   C. 在一个惯性系中同时不同地发生的两件事,在另一个惯性系中一定不同时
   D. 在一个惯性系中同时同地发生的两件事,在另一个惯性系中一定也同时同地

2. 在高速运动的列车里(S'系)一个物体从 A 运动到 B,经历的时间为 $\Delta t' > 0$;而在地上(S 系)的观察者看列车上的 A、B 两点的坐标发生变化,物体运动的时间变为 Δt,则在 S 中得到的结果是(　　).
   A. 一定是物从 A 到 B,$\Delta t > 0$　　　　B. 可能是物从 B 到 A,$\Delta t > 0$
   C. 可能是物从 B 到 A,$\Delta t < 0$　　　　D. 可能是物从 A 到 B,$\Delta t < 0$

3. (1) 对某观察者来说,发生在某惯性系中同一地点,同一时刻的两个事件,对于相对该惯性系做匀速直线运动的其他惯性系的观察者来说,它们是否同时发生?
   (2) 在某惯性系中发生于同一时刻,不同地点的两个事件,它们在其他惯性系中是否同时发生?
   关于上述两问题的正确答案是(　　).
   A. (1)一定同时,(2)一定不同时　　　　B. (1)一定不同时,(2)一定同时
   C. (1)一定同时,(2)一定同时　　　　　D. (1)一定不同时,(2)一定不同时

4. 已知在运动参照系(S')中观察静止参照系(S)中的米尺(固有长度为 1 m)和时钟的一小时分别为 0.8 m 和 1.25 小时,反过来,在 S 中观察 S' 中的米尺和时钟的一小时分别为(　　).
   A. 0.8 m,0.8 小时　　　　　　　　　　B. 1.25 m,1.25 小时
   C. 0.8 m,1.25 小时　　　　　　　　　D. 1.25 m,0.8 小时

5. 有一把直尺固定在 K' 系中,它与 Ox' 轴的夹角 $\theta' = 45°$,如果 K' 系以匀速度沿 Ox 方向相对于 K 系运动,K 系中观察者测得该尺与 Ox 轴的夹角(　　).
   A. 大于 45°　　　　B. 小于 45°　　　　C. 等于 45°
   D. 当 K' 系沿 Ox 正方向运动时大于 45°,而当 K' 系沿 Ox 负方向运动时小于 45°

6. 两个惯性系 S 和 S',沿 $x(x')$ 轴方向做匀速相对运动.设在 S' 系中某点先后发生两个事件,用静止于该系的钟测出两事件的时间间隔为 τ_0,而用固定在 S 系的钟测出这两个事件的时间间隔为 τ. 又在 S' 系 x' 轴上放置一根静止于是该系长度为 l_0 的细杆,从 S 系测得此杆的长度为 l,则(　　).
   A. $\tau < \tau_0$;$l < l_0$　　B. $\tau < \tau_0$;$l > l_0$　　C. $\tau > \tau_0$;$l > l_0$　　D. $\tau > \tau_0$;$l < l_0$

二、填空题

1. 在 S' 系中的 X' 轴上,同地发生的两个事件之间的时间间隔是 4 s,在 S 系中这两个事件之间的时间间隔是 5 s.则 S' 系相对 S 系的速率 $v = $ ＿＿＿＿＿＿,S 系中这两事件的空间间隔是＿＿＿＿＿＿.

2. 牛郎星距地球约 16 光年,宇宙飞船若以_____的速度飞行,将用 4 年的时间(宇宙飞船上钟指示的时间)抵达牛郎星.

3. 一扇门宽为 a,今有一根固有长度为 $l_0(l_0>a)$ 的水平细杆在门外贴近门的平面内沿其长度方向匀速运动,若站在门外的观察者认为此杆的两端可同时被推进此门,则杆相对于门的运动速度 u 至少为_____.

4. 在 S 系中的 x 轴上相隔为 x 处有两只同步的钟 A 和 B,读数相同. 在 S' 系的 x' 轴上也有一只同样的钟 A',设 S' 系相对于 S 系的运动速度为 v,沿 x 轴方向,且当 A' 与 A 相遇时,刚好两个钟的读数均为零. 那么,当 A' 钟与 B 钟相遇时,在 S 系中 B 钟的读数是_____;此时在 S' 系中 A' 钟的读数是_____.

三、计算题

1. 一名短跑选手,在地球上以 10 s 的时间跑完 100 m,在沿短跑选手跑动的方向上一艘宇宙飞船以 $0.6c$ 的速度飞行,飞船上的观察者看来,这选手跑的时间和距离各为多少?

2. 一座铁道桥长为 L,一列列车静止时的长度为 l,当列车以极高的速度 v 通过铁道桥时,列车上的观察者测得铁道桥的长度为多少?列车全部通过铁道桥所用的时间为多少?

班级_____ 姓名_____ 序号_____ 成绩_____

练习44 相对论力学基础

一、选择题

1. 一块匀质矩形薄板,当它静止时,测得其长度为 a,宽度为 b,质量为 m_0。由此可算出其质量面密度为 $\sigma=m_0/(ab)$。假定该薄板沿长度方向以接近光速的速度 v 做匀速直线运动,此种情况下,测算该薄板的质量面密度为(   )。

A. $m_0/[ab(1-v^2/c^2)]$
B. $m_0/(ab\sqrt{1-v^2/c^2})$
C. $m_0/[ab(1-v^2/c^2)^{3/2}]$
D. $m_0\sqrt{1-v^2/c^2}/(ab)$

2. 一个电子的运动速度 $v=0.99c$,它的动能是(   )。

A. 3.5 MeV B. 4.0 MeV C. 3.1 MeV D. 2.5 MeV

3. 某核电站年发电量为 100 亿度。如果这些能量是由核材料的全部静止能转化产生的,则需要消耗的核材料的质量为(   )。

A. 0.4 kg
B. 0.8 kg
C. 12×10^7 kg
D. $(1/12)\times 10^7$ kg

4. 把一个静止质量为 m_0 的粒子,由静止加速到 $v=0.6c$ 需做功为(   )。

A. $0.18m_0c^2$ B. $0.25m_0c^2$ C. $0.36m_0c^2$ D. $1.25m_0c^2$

5. 在惯性系 S 中一个粒子具有动量 $(p_x,p_y,p_z)=(5,3,\sqrt{2})$ MeV/c,总能量 $E=10$ MeV,则在 S 系中测得粒子的速度 v 最接近于(   )。

A. $3c/8$ B. $2c/5$ C. $3c/5$ D. $4c/5$

6. 圆柱形均匀棒静止时的密度为 ρ_0,当它以速率 u 沿其长度方向运动时,测得它的密度为 ρ,则两测量结果的比 $\rho:\rho_0$ 是(   )。

A. $\sqrt{1-u^2/c^2}$
B. $1/\sqrt{1-u^2/c^2}$
C. $1-u^2/c^2$
D. $1/(1-u^2/c^2)$

二、填空题

1. 某加速器将电子加速到能量 $E=2\times 10^6$ eV 时,该电子的动能 $E_k=$_____ eV。

2. 在 $v=$_____ 的情况下粒子的动量等于非相对论动量的两倍;在 $v=$_____ 的情况下粒子的动能等于它的静止能量。

3. 一个电子以 $0.99c$ 的速率运动,则电子的总能量为_____;电子的经典力学动能与相对论动能之比是_____。

4. 一块匀质矩形薄板,它静止时测得其长度为 a,宽为 b,质量为 m_0,由此可算出其质量面密度为 $m_0/(ab)$,假设该薄板沿长度方向以接近光速度 v 做匀速直线运动,此时再测算该矩形薄板的质量面密度为_____。

三、计算题

1. 由于相对论效应,如果粒子的能量增加,粒子在磁场中的回旋周期将随能量的增大而增大，计算动能为 10^4 MeV 的质子在磁感应强度为 1 T 的磁场中的回旋周期．

2. 设快速运动的介子的能量约为 $E=3\,000$ MeV，而这种介子在静止时的能量为 $E_0=100$ MeV．若这种介子的固有寿命是 $\tau_0=2\times10^{-6}$ s，求它运动的距离．

练习 45　热　辐　射

一、选择题

1. 黑体的温度升高一倍,它的辐射出射度(总发射本领)增大(　　).
   A. 15 倍　　　　　　B. 7 倍　　　　　　C. 3 倍　　　　　　D. 1 倍

2. 所谓"黑体"是指这样的一种物体,即(　　).
   A. 不能反射任何可见光的物体
   B. 不能反射任何电磁辐射的物体
   C. 颜色是纯黑的物体
   D. 能够全部吸收外来的任何电磁辐射的物体

3. 在加热黑体过程中,其最大单色辐出度对应的波长由 $0.8\ \mu m$ 变到 $0.4\ \mu m$,则其辐射出射度增大为原来的(　　).
   A. 2 倍　　　　　　B. 4 倍　　　　　　C. 16 倍　　　　　　D. 8 倍

4. 在图 1 的四个图中,哪一个图能定性地正确反映黑体单色辐出度 $M_\lambda(T)$ 随 λ 和 T 的变化关系(已知 $T_2 > T_1$)(　　).

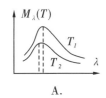 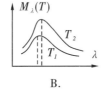 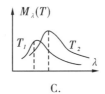 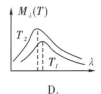

A.　　　　　　　　B.　　　　　　　　C.　　　　　　　　D.

图 1

5. 一个绝对黑体在温度 $T_1 = 1450$ K 时,辐射峰值所对应的波长为 λ_1,当温度降为 725 K 时,辐射峰值所对应的波长为 λ_2,则 λ_1/λ_2 为(　　).
   A. $\sqrt{2}$　　　　　　B. $1/\sqrt{2}$　　　　　　C. 2　　　　　　D. 1/2

6. 普朗克量子假说是为解释(　　).
   A. 光电效应实验规律而提出来的　　　　　B. 黑体辐射的实验规律而提出来的
   C. 原子光谱的规律性而提出来的　　　　　D. X 射线散射的实验规律而提出来的

二、填空题

1. 测量星球表面温度的方法之一,是把星球看作绝对黑体而测定其最大单色辐出度的波长 λ_m. 现测得太阳的 $\lambda_{m1} = 0.55\ \mu m$,北极星的 $\lambda_{m2} = 0.35\ \mu m$,则太阳表面温度 T_1 与北极星表面温度 T_2 之比 $T_1 : T_2 = $ _____ .

2. 人体的温度以 36.5 ℃ 计算,如把人体看成黑体,人体辐射峰值所对应的波长为 _____ .

3. 一个 100 W 的白炽灯泡的灯丝表面积为 $S = 5.3 \times 10^{-5}\ m^2$. 若将点燃的灯丝看作是黑体,可估算出它的工作温度为 _____ .

4.用辐射高温计测得炉壁小孔的辐射出射度为 22.8 W/cm², 则炉内的温度为_____.

三、计算题

1.地球卫星测得太阳单色辐射出射度的峰值在 500 nm 处,若把太阳看成黑体,求:

(1)太阳表面的温度;

(2)太阳辐射的总功率;

(3)垂直射到地球表面每单位面积的日光功率.

(地球与太阳的平均距离为 1.5×10^8 km,太阳的半径为 6.67×10^5 km)

2.宇宙大爆炸遗留在宇宙空间的各向同性的均匀背景辐射相当于 3 K 的黑体辐射.求:

(1)此辐射的光谱辐射出射度极大值所对应的频率;

(2)地球表面接受此辐射的功率.(地球半径 $R_E=6.37\times10^6$ m)

班级_____ 姓名_____ 序号_____ 成绩_____

练习46 光电效应 康普顿效应

一、选择题

1. 已知一束单色光照射在钠表面上,测得光电子的最大动能是 1.2 eV,而钠的红限波长是 540 nm,那么入射光的波长是(   ).
   A. 535 nm   B. 500 nm   C. 435 nm   D. 355 nm

2. 光子能量为 0.5 MeV 的 X 射线,入射到某种物质上而发生康普顿散射. 若反冲电子的动能为 0.1 MeV,则散射光波长的改变量 $\Delta\lambda$ 与入射光波长 λ_0 之比值为(   ).
   A. 0.20   B. 0.25   C. 0.30   D. 0.35

3. 用频率为 υ 的单色光照射某种金属时,逸出光电子的最大动能为 E_k,若改用频率为 2υ 的单色光照射此种金属,则逸出光电子的最大动能为(   ).
   A. $h\upsilon + E_k$ B. $2h\upsilon - E_k$ C. $h\upsilon - E_k$ D. $2E_k$

4. 下面这些材料的逸出功为:铍,3.9 eV;钯,5.0 eV;铯,1.9 eV;钨,4.5 eV. 要制造能在可见光(频率范围为 $3.9\times10^{14} \sim 7.5\times10^{14}$ Hz)下工作的光电管,在这些材料中应选(   ).
   A. 钨   B. 钯   C. 铯   D. 铍

5. 某种金属在光的照射下产生光电效应,要想使饱和光电流增大以及增大光电子的初动能,应分别增大照射光的(   ).
   A. 强度,波长
   B. 照射时间,频率
   C. 强度,频率
   D. 照射时间,波长

6. 光电效应和康普顿效应都包含有电子与光子的相互作用过程. 对此过程,在以下几种理解中,正确的是(   ).
   A. 光电效应是电子吸收光子的过程,而康普顿效应则是光子和电子的弹性碰撞过程
   B. 两种效应都相当于电子与光子的弹性碰撞过程
   C. 两种效应都属于电子吸收光子的过程
   D. 两种效应都是电子与光子的碰撞,都服从动量守恒定律和能量守恒定律

二、填空题

1. 光子的波长为 λ,则其能量 $E=$_____;动量的大小为 $p=$_____;质量为_____.

2. 能量和一个电子的静止能量相等的光子的波长是_____,动量是_____.

3. 已知钾的逸出功为 2.0 eV,如果用波长为 $\lambda = 3.60\times10^{-7}$ m 的光照射在钾上,则光电效应的遏止电压的绝对值 $|U_a|=$_____,从钾表面发射的电子的最大速度 $\upsilon_m=$_____.

4. 康普顿散射中,当散射光子与入射光子方向成夹角 $\theta=$_____时,光子的频率减少得最多;当 $\theta=$_____时,光子的频率保持不变.

三、计算题

1. 波长为 λ 的单色光照射某金属表面发生光电效应,已知金属材料的逸出功为 A,求遏止电势差;今让发射出的光电子经狭缝 S 后垂直进入磁感应强度为 $\boldsymbol{B}$ 的均匀磁场,如图 1 所

示,求电子在该磁场中作圆周运动的最大半径 R.(电子电量绝对值为 e,质量为 m)

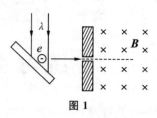

图1

2.用波长 $\lambda_0=0.1$ nm 的光子做康普顿实验.(1)散射角 $\varphi=90°$ 的康普顿散射波长是多少?(2)分配给反冲电子的动能有多大?

班级_____ 姓名_____ 序号_____ 成绩_____

练习47 氢原子的玻尔理论

一、选择题

1. 由氢原子理论知，当大量氢原子处于 $n=3$ 的激发态时，原子跃迁将发出(　　).
   A. 一种波长的光　　B. 两种波长的光　　C. 三种波长的光　　D. 连续光谱

2. 已知用光照的方法将氢原子基态电离，可用的最短波长是 91.3 nm 的紫外光，那么氢原子从各受激态跃迁至基态的赖曼系光谱的波长可表示为(　　).
   A. $91.3(n-1)/(n+1)$ nm　　　　　　B. $91.3(n+1)/(n-1)$ nm
   C. $91.3(n^2+1)/(n^2-1)$ nm　　　　D. $91.3n^2/(n^2-1)$ nm

3. 按照玻尔理论，电子绕核做圆周运动时，电子的动量矩 L 的可能值为(　　).
   A. 任意值　　B. nh, $n=1,2,3\cdots$　　C. $2\pi nh$, $n=1,2,3\cdots$　　D. $nh/(2\pi)$, $n=1,2,3\cdots$

4. 若用里德伯常量 R 表示氢原子光谱的最短波长，则可写成(　　).
   A. $\lambda_{min}=1/R$　　B. $\lambda_{min}=2/R$　　C. $\lambda_{min}=3/R$　　D. $\lambda_{min}=4/R$

5. 在气体放电管中，用能量为 12.1 eV 的电子去轰击处于基态的氢原子，此时氢原子所能发射的光子的能量只能是(　　).
   A. 12.1 eV　　　　　　　　　　　　B. 10.2 eV
   C. 12.1 eV, 10.2 eV 和 1.9 eV　　　D. 12.1 eV, 10.2 eV 和 3.4 eV

6. 氢原子光谱的巴耳末系中波长最长的谱线用 λ_1 表示，其次波长用 λ_2 表示，则它们的比值 λ_1/λ_2 为(　　).
   A. 9/8　　　　B. 19/9　　　　C. 27/20　　　　D. 20/27

二、填空题

1. 玻尔的氢原子理论中提出的关于_____和_____的假设在现代的量子力学理论中仍然是两个重要的基本概念.

2. 玻尔的氢原子理论的三个基本假设是：
   (1)_____,(2)_____,(3)_____.

3. 氢原子中电子从 $n=3$ 的激发态被电离出去，需要的能量为_____eV.

4. 在玻尔氢原子理论中势能为负值，而且数值比动能大，所以总能量为_____值，并且只能取_____值.

三、计算题

1. 试估计处于基态的氢原子被能量为 12.09 eV 的光子激发时，其电子的轨道半径增加多少倍？

2. 实验发现基态氢原子可吸收能量为 12.75 eV 的光子,试问:

(1)氢原子吸收该光子后将被激发到哪个能级?

(2)受激发的氢原子向低能级跃迁时,可能发出哪几条谱线?请定性地画出能级图,并将这些跃迁画在能级图上.

班级_____ 姓名_____ 序号_____ 成绩_____

练习 48 德布罗意波 不确定关系

一、选择题

1. 电子显微镜中的电子从静止开始通过电势差为 U 的静电场加速后,其德布罗意波长是 0.04 nm,则 U 约为(　　).
   A. 150 V　　　　　B. 330 V　　　　　C. 630 V　　　　　D. 940 V

2. 波长 $\lambda = 500$ nm 的光沿 x 轴正向传播,若光的波长的不确定量 $\Delta\lambda = 10^{-4}$ nm,则利用不确定关系式 $\Delta x \Delta p_x \geqslant h$ 可得光子的坐标的不确定量至少为(　　).
   A. 25 cm　　　　　B. 50 cm　　　　　C. 250 cm　　　　　D. 500 cm

3. 如图 1 所示,一束动量为 p 的电子,通过缝宽为 a 的狭缝,在距离狭缝为 L 处放置一荧光屏,屏上衍射图样中央最大的宽度 d 等于(　　).
   A. $2a^2/L$　　　　　B. $2ha/p$
   C. $2ha/(Lp)$　　　　D. $2Lh/(ap)$

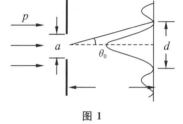

图 1

4. 静止质量不为零的微观粒子做高速运动,其物质波波长 λ 与速度 v 有如下关系(　　).
   A. $\lambda \propto \sqrt{\dfrac{1}{v^2} - \dfrac{1}{c^2}}$　　　　　B. $\lambda \propto 1/v$
   C. $\lambda \propto v$　　　　　D. $\lambda \propto \sqrt{c^2 - v^2}$

5. 关于不确定关系 $\Delta x \Delta p \geqslant h$ 有以下几种理解:
   (1)粒子的动量不可能确定;
   (2)粒子的坐标不可能确定;
   (3)粒子的动量和坐标不可能同时确定;
   (4)不确定关系不仅适用于电子和光子,也适用于其他粒子.
   其中正确的是(　　).
   A. (1)、(2)　　　　B. (3)、(4)　　　　C. (2)、(4)　　　　D. (4)、(1)

6. 一个光子与电子的波长都是 2 Å,则它们的动量和总能量之间的关系是(　　).
   A. 总动量相同,总能量相同
   B. 总动量不同,总能量也不同,且光子的总动量与总能量都小于电子的总能量与总动量
   C. 总动量不同,总能量也不同,且光子的总动量与总能量都大于电子的总能量与总动量
   D. 它们的动量相同,电子的能量大于光子的能量

二、填空题

1. 氢原子在温度为 300 K 时,其方均根速率所对应的德布罗意波长是_____;质量为 $m = 10^{-3}$ kg,速度 $v = 1$ m/s 运动的小球的德布罗意波长是_____.

2. 电子的康普顿波长为 $\lambda_c = h/(m_e c)$(其中 m_e 为电子静止质量,c 为光速,h 为普朗克恒

量). 当电子的动能等于它的静止能量时,它的德布罗意波长 $\lambda =$ _____ λ_c.

3. 在电子单缝衍射实验中,若缝宽为 $a = 0.1$ nm,电子束垂直射在单缝上,则衍射的电子横向动量的最小不确定量 $\Delta p_y =$ _____ N·s.

4. 动能为 E 质量为 m_0 的电子($v \ll c$)的德布罗意波长是_____.

三、计算题

1. α 粒子在磁感应强度为 $B = 0.025$ T 的均匀磁场中沿半径为 $R = 0.83$ cm 的圆形轨道上运动.

(1) 试计算其德布罗意波长(α 粒子的质量 $m_\alpha = 6.64 \times 10^{-27}$ kg);

(2) 若使质量 $m = 0.1$ g 的小球以与 α 粒子相同的速率运动,则其波长为多少?

2. 质量为 m_e 的电子被电势差 $U_{12} = 10^6$ V 的电场加速.

(1) 如果考虑相对论效应,计算其德布罗意波的波长 λ_0;

(2) 若不考虑相对论,计算其德布罗意波的波长 λ. 其相对误差 $(\lambda - \lambda_0)/\lambda_0$ 是多少?

班级_____　　姓名_____　　序号_____　　成绩_____

练习 49　量子力学简介

一、选择题

1. 由于微观粒子具有波粒二象性,在量子力学中用波函数 $\Psi(x,y,z,t)$ 来表示粒子的状态,波函数 Ψ （　　）.
   A. 只需满足归一化条件
   B. 只需满足单值、有界、连续的条件
   C. 只需满足连续与归一化条件
   D. 必须满足单值、有界、连续及归一化条件

2. 反映微观粒子运动的基本方程是（　　）.
   A. 牛顿定律方程
   B. 麦克斯韦电磁场方程
   C. 薛丁格方程
   D. 以上均不是

3. 已知一维运动粒子的波函数为
$$\begin{cases} \Psi(x) = cxe^{-kx} & x \geq 0 \\ \Psi(x) = 0 & x < 0 \end{cases}$$
则粒子出现概率最大的位置是 x 等于（　　）.
   A. $1/\sqrt{k}$　　　B. $1/k^2$　　　C. k　　　D. $1/k$

4. 将波函数在空间各点的振幅同时增大 D 倍,则粒子在空间的分布几率将（　　）.
   A. 增大 D^2 倍　　B. 增大 $2D$ 倍　　C. 增大 D 倍　　D. 不变

5. 一维无限深势阱中,已知势阱宽度为 a.应用不确定关系估计势阱中质量为 m 的粒子的零点能量为（　　）.
   A. $\hbar/(ma^2)$　　B. $\hbar^2/(2ma^2)$　　C. $\hbar^2/(2ma)$　　D. $\hbar/(2ma^2)$

6. 粒子在一维无限深方势阱中运动.图1为粒子处于某一能态上的波函数 $\psi(x)$ 的曲线.粒子出现概率最大的位置为（　　）.
   A. $a/2$
   B. $a/6, 5a/6$
   C. $a/6, a/2, 5a/6$
   D. $0, a/3, 2a/3$

二、填空题

1. 图2所示为被激发的氢原子跃迁到低能级时的能级图（图中 E_1 不是基态能级）,其发出的波长分别为 λ_1、λ_2 和 λ_3,其频率 ν_1、ν_2 和 ν_3 的关系等式是_____;三个波长的关系等式是_____.

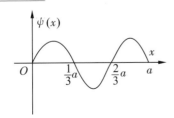

图1

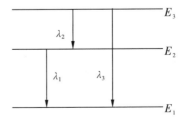

图2

2. 设描述微观粒子运动的波函数为 $\Psi(r,t)$，则 $\Psi\Psi*$ 表示_____，$\Psi(r,t)$ 须满足的条件是_____，其归一化条件是_____.

3. 粒子在一维无限深势阱中运动（势阱宽度为 a），其波函数为
$$\Psi(x)=\sqrt{\frac{2}{a}}\sin\frac{3\pi x}{a}. \quad (0<x<a)$$
粒子出现的概率最大的各个位置是 $x=$_____.

4. 已知宽度为 a 为一维无限深势阱中粒子的波函数为 $\Psi=A\sin(n\pi x/a)$，则规一化常数 A 应为_____.

三、计算题

1. 已知粒子在无限深势阱中运动，其波函数为
$$\Psi(x)=\sqrt{2/a}\sin(\pi x/a) \quad (0\leqslant x\leqslant a)$$
求发现粒子的概率为最大的位置.

2. 一个粒子被限制在相距为 l 的两个不可穿透的壁之间，如图3所示. 描述粒子状态的波函数为 $\Psi=cx(l-x)$，其中 c 为待定常量，求在 $0\sim l/3$ 区间发现粒子的概率.

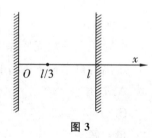

图3

班级_____ 姓名_____ 序号_____ 成绩_____

练习 50　氢原子的量子力学简介

一、选择题

1. 已知氢原子从基态激发到某一定态所需能量为 10.19 eV,若氢原子从能量为 -0.85 eV 的状态跃迁到上述定态时,所发射的光子的能量为(　　).
   A. 2.56 eV　　　　B. 3.41 eV　　　　C. 4.25 eV　　　　D. 9.95 eV

2. 根据氢原子理论,氢原子在 $n=5$ 的轨道上的动量矩与在第一激发态的轨道动量矩之比为(　　).
   A. 5/2　　　　B. 5/3　　　　C. 5/4　　　　D. 5

3. 若外来单色光把氢原子激发至第三激发态,则当氢原子跃迁回低能态时,可发出的可见光光谱线的条数是(　　).
   A. 1　　　　B. 2　　　　C. 3　　　　D. 6

4. 在氢原子的 K 壳层中,电子可能具有的量子数 (n, l, m_l, m_s) 是(　　).
   A. $(1, 0, 0, \frac{1}{2})$　　B. $(1, 0, -1, \frac{1}{2})$　　C. $(1, 1, 0, -\frac{1}{2})$　　D. $(2, 1, 0, -\frac{1}{2})$

5. 若氢原子中的电子处于主量子数 $n=3$ 的能级,则电子轨道角动量 L 和轨道角动量在外磁场方向的分量 L_z 可能取的值分别为(　　).
   A. $L = h, 2h, 3h; L_z = 0, \pm h, \pm 2h, \pm 3h$
   B. $L = 0, \sqrt{2}h, \sqrt{6}h; L_z = 0, \pm h, \pm 2h$
   C. $L = 0, h, 2h; L_z = 0, \pm h, \pm 2h$
   D. $L = \sqrt{2}h, \sqrt{6}h, \sqrt{12}h; L_z = 0, \pm h, \pm 2h, \pm 3h$

6. 根据氢原子理论,若大量氢原子处于主量子数 $n=5$ 的激发态,则跃迁辐射的谱线的条数及其中属于巴耳末系的谱线的条数分别为(　　).
   A. 10, 4　　　　B. 10, 3　　　　C. 6, 4　　　　D. 6, 3

二、填空题

1. 氢原子基态电离能是_____eV,电离能为 0.544 eV 的激发态氢原子,其电子处在 $n=$_____的轨道上运动.

2. 氢原子由定态 l 跃迁到定态 k 可发射一个光子,已知定态 l 的电离能为 0.85 eV,又已知从基态使氢原子激发到定态 k 所需能量为 10.2 eV,则在上述跃迁中氢原子所发射的光子的能量为_____eV.

3. 根据量子论,氢原子中核外电子的状态可由四个量子数来确定,其中主量子数 n 可取的值为_____,它可决定_____.

4. 根据量子力学原理,当氢原子中电子的动量矩 $L = \sqrt{6}h$ 时,L 在外磁场方向上的投影 L_z 可取的值分别为_____.

三、计算题

1. 当氢原子从某初始状态跃迁到激发能为 $\Delta E = 10.19$ eV 的状态时,发射出光子的波长是

119

λ=486 nm,试求该初始状态的能量和主量子数.

2. 若处于基态的氢原子吸收了一个能量为 15 eV 的光子后,其电子成为自由电子(电子的质量 $m_e=9.11\times10^{-31}$ kg),求该自由电子的速度.

班级_____   姓名_____   序号_____   成绩_____

练习 51　激光　半导体

一、选择题

1. 与绝缘体相比较,半导体能带结构的特点是(　　).
   A. 导带也是空带　　　　　　　　　　B. 满带与导带重合
   C. 满带中总是有空穴,导带中总是有电子　　D. 禁带宽度较窄

2. 下述说法中,正确的是(　　).
   A. 本征半导体是电子与空穴两种载流子同时参与导电,而杂质半导体(n 型或 p 型)只有一种载流子(电子或空穴)参与导电,所以本征半导体导电性能比杂质半导体好
   B. n 型半导体的导电性能优于 p 型半导体,因为 n 型半导体是负电子导电,p 型半导体是正离子导电
   C. n 型半导体中杂质原子所形成的局部能级靠近空带(导带)的底部,使局部能级中多余的电子容易被激发跃迁到空带中去,大大提高了半导体导电性能
   D. p 型半导体的导电机构完全取决于满带中空穴的运动

3. 在激光器中利用光学谐振腔(　　).
   A. 可提高激光束的方向性,而不能提高激光束的单色性
   B. 可提高激光束的单色性,而不能提高激光束的方向性
   C. 可同时提高激光束的方向性和单色性
   D. 既不能提高激光束的方向性也不能提高其单色性

4. 如果(1)锗用锑(五价元素)掺杂,(2)硅用铝(三价元素)掺杂,则分别获得的半导体属于下述类型(　　).
   A. (1),(2)均为 n 型半导体　　　　　　B. (1)为 n 型半导体,(2)为 p 型半导体
   C. (1)为 p 型半导体,(2)为 n 型半导体　　D. (1),(2)均为 p 型半导体

5. p 型半导体中杂质原子所形成的局部能级(也称受主能级),在能带结构中应处于(　　).
   A. 满带中　　　　　　　　　　　　　B. 导带中
   C. 禁带中,但接近满带顶　　　　　　　D. 禁带中,但接近导带底

6. 激发本征半导体中传导电子的几种方法有(1)热激发,(2)光激发,(3)用三价元素掺杂,(4)用五价元素掺杂.对于纯锗和纯硅这类本征半导体,在上述方法中能激发其传导电子的只有(　　).
   A. (1)和(2)　　B. (3)和(4)　　C. (1)(2)和(3)　　D. (1)(2)和(4)

二、填空题

1. 图 1 中,左图是_____型半导体的能带结构图,右图是_____型半导体的能带结构图.

2. 纯净锗吸收辐射的最大波长为 $\lambda = 1.9$ m,锗的禁带宽度为_____.

3. 若在四价元素半导体中掺入五价元素原子,则可构成_____型半导体,参与导电的多数载流子是_____.

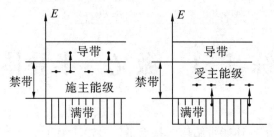

图 1

4. 下列给出的各种条件中,哪些是产生激光的条件,将其标号列下:_____.
(1)自发辐射.(2)受激辐射.(3)粒子数反转.(4)三能极系统.(5)谐振腔.

三、计算题

1. 在二氧化碳激光器中,产生激光的介质 CO_2 分子的两个能级分别为 0.172 eV 和 0.291 eV(电子伏特),试求在温度为 273 K 时,上述两能级上的 CO_2 分子数之比.

2. 一个激光器的谐振腔长为 L,腔内介质的折射率为 n,求该谐振腔内形成振荡和放大的光的频率.

班级_____ 姓名_____ 序号_____ 成绩_____

测试一：力学测试题

一、选择题（每题 2 分，共 30 分）

1. 一个质点在几个外力同时作用下运动时，下述哪种说法正确（　　）．
   A. 质点的动量改变时，质点的动能一定改变
   B. 质点的动能不变时，质点的动量也一定不变
   C. 外力的冲量是零，外力的功一定为零
   D. 外力的功为零，外力的冲量一定为零

2. 有一个劲度系数为 k 的轻弹簧，原长为 l_0，将它吊在天花板上．当它下端挂一个托盘平衡时，其长度变为 l_1．然后在托盘中放一个重物，弹簧长度变为 l_2，则由 l_1 伸长至 l_2 的过程中，弹性力所做的功为（　　）．
   A. $-\int_{l_1}^{l_2} kx\,\mathrm{d}x$ B. $\int_{l_1}^{l_2} kx\,\mathrm{d}x$ C. $-\int_{l_1-l_0}^{l_2-l_0} kx\,\mathrm{d}x$ D. $\int_{l_1-l_0}^{l_2-l_0} kx\,\mathrm{d}x$

3. 某物体的运动规律为 $\mathrm{d}v/\mathrm{d}t = -kv^2 t$，式中的 k 为大于零的常量．当 $t=0$ 时，初速为 v_0，则速度 v 与时间 t 的函数关系是（　　）．
   A. $v = \dfrac{1}{2}kt^2 + v_0$ B. $v = -\dfrac{1}{2}kt^2 + v_0$
   C. $\dfrac{1}{v} = \dfrac{kt^2}{2} + \dfrac{1}{v_0}$ D. $\dfrac{1}{v} = -\dfrac{kt^2}{2} + \dfrac{1}{v_0}$

4. 假设卫星环绕地球中心做圆周运动，则在运动过程中，卫星对地球中心的（　　）．
   A. 角动量守恒，动能也守恒   B. 角动量守恒，动能不守恒
   C. 角动量不守恒，动能守恒   D. 角动量不守恒，动量也不守恒
   E. 角动量守恒，动量也守恒

5. 一个物体从某一确定高度以 $\vec{v}_0$ 的速度水平抛出，已知它落地时的速度为 $\vec{v}_t$，那么它运动的时间是（　　）．
   A. $\dfrac{v_t - v_0}{g}$ B. $\dfrac{v_t - v_0}{2g}$ C. $\dfrac{(v_t^2 - v_0^2)^{1/2}}{g}$ D. $\dfrac{(v_t^2 - v_0^2)^{1/2}}{2g}$

6. 动能为 E_k 的 A 物体与静止的 B 物体碰撞，设 A 物体的质量为 B 物体质量的 2 倍，$m_A = 2m_B$．若碰撞为完全非弹性的，则碰撞后两物体总动能为（　　）．
   A. E_K B. $\dfrac{2}{3}E_k$ C. $\dfrac{1}{2}E_k$ D. $\dfrac{1}{3}E_k$

7. 一个质点在做匀速率圆周运动时（　　）．
   A. 切向加速度改变，法向加速度也改变   B. 切向加速度不变，法向加速度改变
   C. 切向加速度不变，法向加速度也不变   D. 切向加速度改变，法向加速度不变

8. 一个质量为 M 的斜面原来静止于水平光滑平面上，将一质量为 m 的木块轻轻放于斜面上，如图 1 所示．如果此后木块能静止于斜面上，则斜面将（　　）．
   A. 保持静止   B. 向右加速运动

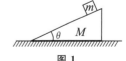

图 1

C. 向右匀速运动   D. 向左加速运动

9. 质量为 10 kg 的质点,在外力作用下做曲线运动,该质点的速度为 $\vec{v}=4t^2\vec{i}+16\vec{k}$(SI),则在 $t=1$ s 到 $t=2$ s 时间内,合外力对质点所做的功为(　　).

A. 40 J   B. 80 J   C. 960 J   D. 1200 J

10. 如图 2 所示,子弹射入放在水平光滑地面上静止的木块而不穿出. 以地面为参考系,下列说法中正确的说法是(　　).

A. 子弹的动能转变为木块的动能

B. 子弹-木块系统的机械能守恒

C. 子弹动能的减少等于子弹克服木块阻力所做的功

D. 子弹克服木块阻力所做的功等于这一过程中产生的热

图 2

11. 半径为 R、质量为 M 的均匀圆盘,靠边挖去直径为 R 的一个圆孔后(见图 3),对通过圆盘中心 O 且与盘面垂直的轴的转动惯量是(　　).

A. $\dfrac{15}{32}MR^2$ B. $\dfrac{7}{16}MR^2$

C. $\dfrac{13}{32}MR^2$ D. $\dfrac{3}{8}MR^2$

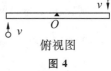

图 3

12. 光滑的水平桌面上,有一根长为 $2L$、质量为 m 的匀质细杆,可绕过其中点且垂直于杆的竖直光滑固定轴 O 自由转动,其转动惯量为 $\dfrac{1}{3}mL^2$,起初杆静止. 桌面上有两个质量均为 m 的小球,各自在垂直于杆的方向上,正对着杆的一端,以相同速率 v 相向运动,如图 4 所示. 当两小球同时与杆的两个端点发生完全非弹性碰撞后,就与杆粘在一起转动,则这一个系统碰撞后的转动角速度应为(　　).

A. $\dfrac{2v}{3L}$ B. $\dfrac{4v}{5L}$

C. $\dfrac{6v}{7L}$ D. $\dfrac{8v}{9L}$

E. $\dfrac{12v}{7L}$

13. 某质点做直线运动的运动学方程为 $x=3t+5t^3+6$(SI),则该质点做(　　).

A. 匀加速直线运动,加速度沿 x 轴正方向

B. 匀加速直线运动,加速度沿 x 轴负方向

C. 变加速直线运动,加速度沿 x 轴正方向

D. 变加速直线运动,加速度沿 x 轴负方向

14. 如图 5 所示,假设物体沿着竖直面上圆弧形轨道下滑,轨道是光滑的,在从 A 至 C 的下滑过程中,下面说法正确的是(　　).

A. 它的加速度大小不变,方向永远指向圆心

B. 它的速率均匀增加

C. 它的合外力大小变化,方向永远指向圆心

D. 它的合外力大小不变

E. 轨道支持力的大小不断增加

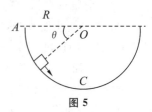

图 5

15. 一根轻绳跨过一个具有水平光滑轴、质量为 M 的定滑轮,绳的两端分别悬有质量为 m_1 和 m_2 的物体($m_1<m_2$),如图6所示.绳与轮之间无相对滑动.若某时刻滑轮沿逆时针方向转动,则绳中的张力( ).

A. 处处相等   B. 左边大于右边
C. 右边大于左边   D. 哪边大无法判断

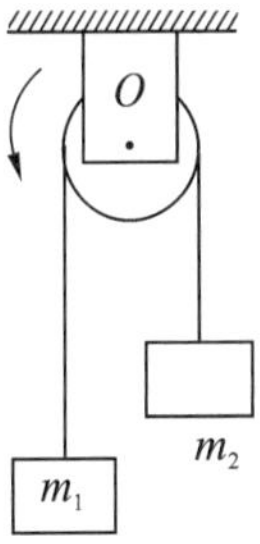

图6

二、填空题(每空3分,共30分)

1. 如图7所示,x 轴沿水平方向,y 轴沿竖直向下,在 $t=0$ 时刻将质量为 m 的质点由 a 处静止释放,让它自由下落,则在任意时刻 t,质点所受的对原点 O 的力矩 $\boldsymbol{M}=$ _____;在任意时刻 t,质点对原点 O 的角动量 $\boldsymbol{L}=$ _____.

2. 如图8所示,一个物体放在水平传送带上,物体与传送带间无相对滑动,当传送带做匀速运动时,静摩擦力对物体做功为 _____;当传送带做加速运动时,静摩擦力对物体做功为 _____.(填"正""负"或"零")

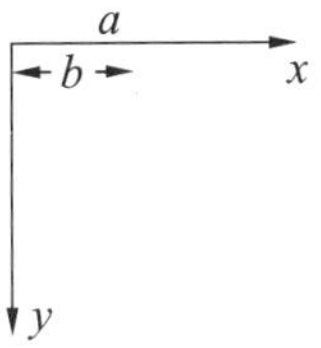

图7 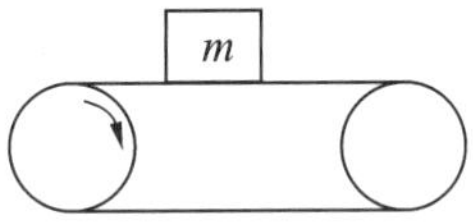   图8

3. 转动着的飞轮的转动惯量为 J,在 $t=0$ 时角速度为 ω_0.此后飞轮经历制动过程.阻力矩 M 的大小与角速度 ω 的平方成正比,比例系数为 k(k 为大于0的常量).当 $\omega=\dfrac{1}{3}\omega_0$ 时,飞轮的角加速度 $\beta=$ _____.从开始制动到 $\dfrac{1}{3}\omega_0$ 所经过的时间 $t=$ _____.

4. 两个滑冰运动员的质量各为 70 kg,均以 6.5 m/s 的速率沿相反的方向滑行,滑行路线间的垂直距离为 10 m,当彼此交错时,各抓住一条 10 m 长的绳索的一端,然后相对旋转,则抓住绳索之后各自对绳中心的角动量 $L=$ _____;它们各自收拢绳索,到绳长为 5 m 时,各自的速率 $v=$ _____.

5. 已知地球质量为 M,半径为 R.一个质量为 m 的火箭从地面上升到距地面高度为 $2R$ 处.在此过程中,地球引力对火箭做的功为 _____.

6. 一根质量为 m、长为 l 的均匀细杆,可在水平桌面上绕通过其一端的竖直固定轴转动.已知细杆与桌面的滑动摩擦系数为 μ,则杆转动时受的摩擦力矩的大小为 _____.

三、计算题(每题10分,共40分)

1. 质量为 2 kg 的质点,按方程 $x=0.2\sin[5t-(\pi/6)]$(SI)沿着 x 轴振动.求:
(1) $t=0$ 时,作用于质点的力的大小;
(2) 作用于质点的力的最大值和此时质点的位置.

2. 光滑圆盘面上有一个质量为 m 的物体 A,拴在一根穿过圆盘中心 O 处光滑小孔的细绳上. 开始时,该物体距圆盘中心 O 的距离为 r_0,并以角速度 ω_0 绕盘心 O 做圆周运动. 现向下拉绳, 当质点 A 的径向距离由 r_0 减少到 $0.5r_0$ 时,向下拉的速度为 v,求下拉过程中拉力所做的功.

3. 两个匀质圆盘,一大一小,同轴地黏结在一起,构成一个组合轮. 小圆盘的半径为 r,质量为 m;大圆盘的半径 $r'=2r$,质量 $m'=2m$. 组合轮可绕通过其中心且垂直于盘面的光滑水平固定轴 O 转动,对轴 O 的转动惯量 $J=9mr^2/2$. 两圆盘边缘上分别绕有轻质细绳,细绳下端各悬挂质量为 m 的物体 A 和 B,如图 9 所示. 这一个系统从静止开始运动,绳与盘无相对滑动,绳的长度不变. 已知 $r=10$ cm. 求:

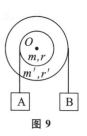

图 9

(1) 组合轮的角加速度 ω;
(2) 当物体 A 上升 $h=40$ cm 时,组合轮的角速度 ω.

4. 有一个质量为 m_1、长为 l 的均匀细棒,静止平放在滑动摩擦系数为 μ 的水平桌面上,它可绕通过其端点 O 且与桌面垂直的固定光滑轴转动. 另有一个水平运动的质量为 m_2 的小滑块,从侧面垂直于棒与棒的另一端 A 相碰撞,设碰撞时间极短. 已知小滑块在碰撞前、后的速度分别为 v_1 和 v_2,如图 10 所示. 求碰撞后从细棒开始转动到停止转动的过程中所需的时间. (已知棒绕 O 点的转动惯量 $J=m_1l^2/3$)

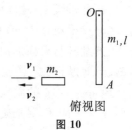

图 10

班级_____ 姓名_____ 序号_____ 成绩_____

测试二：热学测试题

一、选择题(每题 2 分,共 30 分)

1. 在一个密闭容器中,储有 A、B、C 三种理想气体,处于平衡状态. A 种气体的分子数密度为 n_1,它产生的压强为 p_1,B 种气体的分子数密度为 $2n_1$,C 种气体的分子数密度为 $3n_1$,则混合气体的压强 p 为( ).

   A. $3p_1$ B. $4p_1$ C. $5p_1$ D. $6p_1$

2. 两瓶不同种类的理想气体,它们的温度和压强都相同,但体积不同,则单位体积内的气体分子数 n,单位体积内的气体分子的总平动动能(E_K/V),单位体积内的气体质量 m,分别有如下关系( ).

   A. n 不同,E_K/V 不同,m 不同   B. n 不同,E_K/V 不同,m 相同

   C. n 相同,E_K/V 相同,m 不同   D. n 相同,E_K/V 相同,m 相同

3. 图 1 所示的速率分布曲线,( )中的两条曲线能是同一温度下氮气和氦气的分子速率分布曲线.

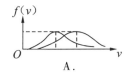 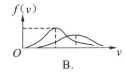 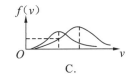 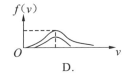

A.   B.   C.   D.

图 1

4. 容积恒定的容器内盛有一定量某种理想气体,其分子热运动的平均自由程为 $\overline{\lambda_0}$,平均碰撞频率为 $\overline{Z_0}$,若气体的热力学温度降低为原来的 1/4 倍,则此时分子平均自由程 $\overline{\lambda}$ 和平均碰撞频率 $\overline{Z}$ 分别为( ).

   A. $\overline{\lambda}=\overline{\lambda_0}$, $\overline{Z}=\overline{Z_0}$ B. $\overline{\lambda}=\overline{\lambda_0}$, $\overline{Z}=\dfrac{1}{2}\overline{Z_0}$

   C. $\overline{\lambda}=2\overline{\lambda_0}$, $\overline{Z}=2\overline{Z_0}$ D. $\overline{\lambda}=\sqrt{2}\,\overline{\lambda_0}$, $\overline{Z}=\dfrac{1}{2}\overline{Z_0}$

5. 有一个截面均匀的封闭圆筒,中间被一个光滑的活塞分隔成两边,如果其中的一边装有 0.1 kg 某一温度的氢气,为了使活塞停留在圆筒的正中央,则另一边应装入同一温度的氧气的质量为( ).

   A. 1/16 kg   B. 0.8 kg   C. 1.6 kg   D. 3.2 kg

6. 温度、压强相同的氦气和氧气,它们分子的平均动能 $\overline{\varepsilon}$ 和平均平动动能 $\overline{w}$ 有( )关系.

   A. $\overline{\varepsilon}$ 和 $\overline{w}$ 都相等   B. $\overline{\varepsilon}$ 相等,而 $\overline{w}$ 不相等

   C. $\overline{w}$ 相等,而 $\overline{\varepsilon}$ 不相等   D. $\overline{\varepsilon}$ 和 $\overline{w}$ 都不相等

7. 一定量的理想气体,其状态在 V-T 图上沿着一条直线从平衡态 a 改变到平衡态 b(见图 2),( ).

   A. 这是一个等压过程

   B. 这是一个升压过程

C. 这是一个降压过程
D. 数据不足,不能判断这是哪种过程

8. 1 mol 刚性双原子分子理想气体,当温度为 T 时,其内能为(　　).

A. $\dfrac{3}{2}RT$ B. $\dfrac{3}{2}kT$

C. $\dfrac{5}{2}RT$ D. $\dfrac{5}{2}kT$

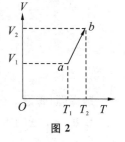

图 2

9. 在标准状态下,若氧气(视为刚性双原子分子的理想气体)和氦气的体积比 $V_1/V_2=1/2$,则其内能之比 E_1/E_2 为(　　).
A. 3/10   B. 1/2   C. 5/6   D. 5/3

10. 水蒸气分解成同温度的氢气和氧气,内能增加了(不计振动自由度和化学能)(　　).
A. 66.7%   B. 50%   C. 25%   D. 0

11. 图3(a)、(b)、(c)各表示连接在一起的两个循环过程,其中(c)图是两个半径相等的圆构成的两个循环过程,图(a)和(b)则为半径不等的两个圆.那么(　　).

A. 图(a)总净功为负,图(b)总净功为正,图(c)总净功为零
B. 图(a)总净功为负,图(b)总净功为负,图(c)总净功为正
C. 图(a)总净功为负,图(b)总净功为负,图(c)总净功为零
D. 图(a)总净功为正,图(b)总净功为正,图(c)总净功为负

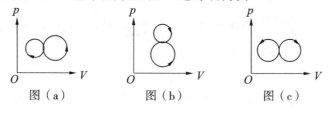

图 3

12. 质量一定的理想气体,从相同状态出发,分别经历等温过程、等压过程和绝热过程,使其体积增加一倍.那么气体温度的改变(绝对值)在(　　).

A. 绝热过程中最大,等压过程中最小   B. 绝热过程中最大,等温过程中最小
C. 等压过程中最大,绝热过程中最小   D. 等压过程中最大,等温过程中最小

13. 如图4,一定量的理想气体经过 acb 过程时吸热 500 J,则经过 $acbda$ 过程时,吸热为(　　).

A. -1200 J   B. -700 J

C. -400 J   D. 700 J

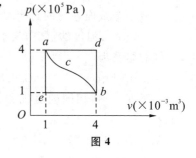

图 4

14. 理想气体向真空做绝热膨胀,(　　).

A. 膨胀后,温度不变,压强减小
B. 膨胀后,温度降低,压强减小
C. 膨胀后,温度升高,压强减小
D. 膨胀后,温度不变,压强不变

15. 如果卡诺热机的循环曲线所包围的面积从图5中的 $abcda$ 增大为 $ab'c'da$,那么循环 $abcda$ 与 $ab'c'da$ 所做的净功和热机效率变化情况是(　　).

A. 净功增大,效率提高

B. 净功增大,效率降低
C. 净功和效率都不变
D. 净功增大,效率不变

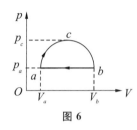

图5

二、填空题(每空3分,共30分)

1. 用绝热材料制成的一个容器,体积为 $2V_0$,被绝热板隔成A、B两部分,A内储有1 mol单原子分子理想气体,B内储有2 mol刚性双原子分子理想气体,A、B两部分压强相等均为 p_0,两部分体积均为 V_0.
(1)两种气体各自的内能分别为 $E_A=$ _____, $E_B=$ _____.
(2)抽去绝热板,两种气体混合后处于平衡时的温度为 $T=$ _____.

2. 有 ν 摩尔理想气体,做如图6所示的循环过程 $acba$,其中 acb 为半圆弧,ba 为等压线,$p_c=2p_a$. 令气体进行 ab 的等压过程时吸热 Q_{ab},则在此循环过程中气体净吸热量 Q _____ Q_{ab}.(填入:>,<或=)

3. 由绝热材料包围的容器被隔板隔为两半,左边是理想气体,右边真空. 如果把隔板撤去,气体将进行自由膨胀过程,达到平衡后气体的温度_____(升高、降低或不变),气体的熵_____(增加、减小或不变).

4. 给定的理想气体(比热容比为已知),从标准状态(p_0、V_0、T_0)开始,做绝热膨胀,体积增大到3倍,膨胀后的温度 $T=$ _____,压强 $p=$ _____.

5. 体积为 V 的钢筒中,装着压强为 p,质量为 M 的理想气体,其中速率在_____附近的单位速率间隔内的分子数最多.

6. 室温下1 mol双原子分子理想气体的压强为 p,体积为 V,则此气体分子的平均动能为_____.

三、计算题(每题10分,共40分)

1. 计算下列一组粒子的平均速率和方均根速率.

粒子数 N_i	2	4	6	8	2
速率 v_i(m/s)	10.0	20.0	30.0	40.0	50.0

2. 两个相同的容器装有氢气,以一细玻璃管相连通,管中用一滴水银做活塞,如图7所示. 当左边容器的温度为0℃而右边容器的温度为20℃时,水银滴刚好在管的中央. 试问,当左边容器温度由0℃增到5℃而右边容器温度由20℃增到30℃时,水银滴是否会移动?如何移动?

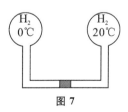

图7

3. 1 mol 双原子分子理想气体做如图 8 的可逆循环过程,其中 1→2 为直线,2→3 为绝热线,3→1 为等温线. 已知 $T_2=2T_1$, $V_3=8V_1$,试求:

(1)各过程的功,内能增量和传递的热量(用 T_1 和已知常量表示);
(2)此循环的效率.

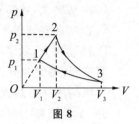

图 8

4. 1 mol 氦气做如图 9 所示的可逆循环过程,其中 ab 和 cd 是绝热过程,bc 和 da 为等体过程,已知 $V_1=16.4$ L,$V_2=32.8$ L,$p_a=1$ atm,$p_b=3.18$ atm,$p_c=4$ atm,$p_d=1.26$ atm,试求:

(1)各态氦气的温度;
(2)态 c 氦气的内能;
(3)循环过程中氦气所做的净功.(1 atm$=1.013\times10^5$ Pa)

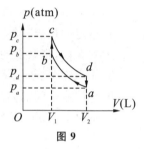

图 9

班级_____ 姓名_____ 序号_____ 成绩_____

测试三：振动和波测试题

一、选择题(每小题 2 分,共 30 分)

1.以下所列运动形态哪些不是简谐振动?( )
(1)球形碗底小球小幅度的摆动;
(2)细绳悬挂的小球做大幅度的摆动;
(3)小木球在水面上的上下浮动;
(4)橡皮球在地面上做等高的上下跳动;
(5)木质圆柱体在水面上的上下浮动(母线垂直于水面).
A.答:(1)(2)(3)(4)(5)都不是简谐振动
B.答:(1)(2)(3)(4)不是简谐振动
C.答:(2)(3)(4)不是简谐振动
D.答:(1)(2)(3)不是简谐振动

2.一个弹簧振子做简谐振动,当其偏离平衡位置的位移的大小为振幅的 1/4 时,其动能为振动总能量的( ).
A. 7/16　　　　　　　　　　B. 9/16
C. 11/16　　　　　　　　　 D. 13/16
E. 15/16

3.火车沿水平轨道以加速度 a 做匀加速直线运动,则车厢中摆长为 l 的单摆的周期为( ).
A. $2\pi\sqrt{\sqrt{(a^2+g^2)}/l}$　　　　B. $2\pi\sqrt{l/(a+g)}$
C. $2\pi\sqrt{(a+g)/l}$　　　　　　D. $2\pi\sqrt{l/\sqrt{(a^2+g^2)}}$

4.设声波在媒质中的传播速度为 u,声源频率为 v_s,若声源 s 不动,而接收器 R 相对于媒质以速度 v_R 沿着 s、R 的连线向着声源 s 运动,则接收器 R 的振动频率为( ).
A. v_s　　　　　　　　　　B. $\dfrac{u}{u-v_R}v_s$
C. $\dfrac{u}{u+v_R}v_s$　　　　　　D. $\dfrac{u+v_R}{u}v_s$

5.把一个在地球上走得很准的摆钟搬到月球上,取月球上的重力加速度为 $g/6$,这个钟的分针走过一周,实际上所经历的时间是( ).
A. 6 小时　　　　　　　　B. $\sqrt{6}$ 小时
C. 1/6 小时　　　　　　　D. $\sqrt{6}/6$ 小时

6.一列平面简谐波的波动方程为
$$y=0.1\cos(3\pi t-\pi x+\pi)\quad(SI)$$
$t=0$ 时的波形曲线如图 1 所示,则( ).
A. O 点的振幅为 -0.1 m
B. 波长为 3 m

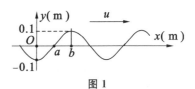

图 1

C. a、b 两点间相位差为 $\pi/2$
D. 波速为 9 m/s

7. 某平面简谐波在 $t=0.25$ s（不是 $t=0$）时波形如图 2 所示，则该波的波函数为（   ）．

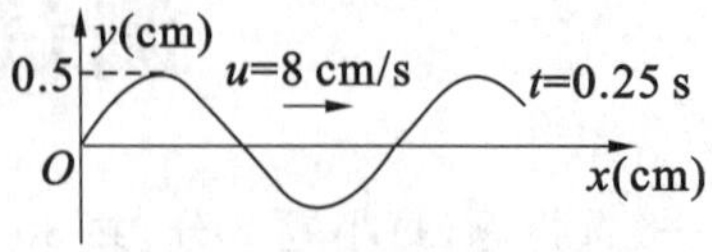

A. $y = 0.5\cos[4\pi(t-x/8)-\pi/2]$ (cm)
B. $y = 0.5\cos[4\pi(t+x/8)+\pi/2]$ (cm)
C. $y = 0.5\cos[4\pi(t+x/8)-\pi/2]$ (cm)
D. $y = 0.5\cos[4\pi(t-x/8)+\pi/2]$ (cm)

图 2

8. 有两个振动，即 $x_1=A_1\cos\omega t$，$x_2=A_2\sin\omega t$，且 $A_2<A_1$，则合成振动的振幅为（   ）．

A. A_1+A_2
B. A_1-A_2
C. $(A_1^2+A_2^2)^{1/2}$
D. $(A_1^2-A_2^2)^{1/2}$

9. 关于半波损失，以下说法错误的是（   ）．
A. 在反射波中总会产生半波损失
B. 在折射波中总不会产生半波损失
C. 只有当波从波疏媒质向波密媒质入射时，反射波中才产生半波损失
D. 半波损失的实质是振动相位突变了 π

10. 一个质点沿 x 轴做简谐振动，振动方程为 $x=4\times10^{-2}\cos(2\pi t+\frac{1}{3}\pi)$ (SI)．从 $t=0$ 时刻起，到质点位置在 $x=-2$ cm 处，且向 x 轴正方向运动的最短时间间隔为（   ）．

A. $\frac{1}{8}$ s
B. $\frac{1}{6}$ s
C. $\frac{1}{4}$ s
D. $\frac{1}{3}$ s
E. $\frac{1}{2}$ s

11. 如图 3 所示，质量为 m 的物体由劲度系数为 k_1 和 k_2 的两个轻弹簧连接在水平光滑导轨上做微小振动，则该系统的振动频率为（   ）．

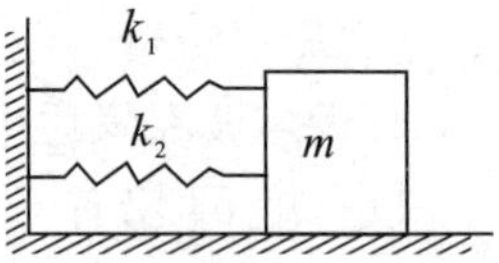

图 3

A. $v=2\pi\sqrt{\dfrac{k_1+k_2}{m}}$
B. $v=\dfrac{1}{2\pi}\sqrt{\dfrac{k_1+k_2}{m}}$
C. $v=\dfrac{1}{2\pi}\sqrt{\dfrac{k_1+k_2}{mk_1k_2}}$
D. $v=\dfrac{1}{2\pi}\sqrt{\dfrac{k_1k_2}{m(k_1+k_2)}}$

12. 一条简谐振动曲线如图 4 所示．则振动周期是（   ）．
A. 2.62 s
B. 2.40 s
C. 2.20 s
D. 2.00 s

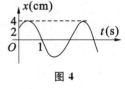

图 4

13. 一列平面余弦波在 $t=0$ 时刻的波形曲线如图 5 所示，则 O 点的振动初相 ϕ 为（   ）．
A. 0
B. $\pi/2$
C. π
D. $3\pi/2$ 或 $-1\pi/2$

14. 一列平面简谐波在弹性媒质中传播，在某一瞬时，媒质中某质元正处于平衡位置，此时它的能量是（   ）．

A. 动能为零,势能最大
B. 动能为零,势能为零
C. 动能最大,势能最大
D. 动能最大,势能为零

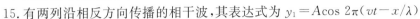

图 5

15. 有两列沿相反方向传播的相干波,其表达式为 $y_1 = A\cos 2\pi(vt - x/\lambda)$ 和 $y_2 = A\cos 2\pi(vt + x/\lambda)$. 叠加后形成驻波,其波腹位置的坐标为(　　)(其中的 $k = 0,1,2,3,\cdots$).

A. $x = \pm k$ 　　　　　　　　　　B. $x = \pm \dfrac{1}{2}(2k+1)\lambda$

C. $x = \pm \dfrac{1}{2}k\lambda$ 　　　　　　　　D. $x = \pm (2k+1)\lambda/4$

二、填空题(每空3分,共30分)

1. 一个物体同时参与同一直线上的两个简谐振动:
$$x_1 = 0.03\cos(4\pi t + \pi/3) \quad (SI)$$
$$x_2 = 0.05\cos(4\pi t - 2\pi/3) \quad (SI)$$
合成振动的振动方程为_____.

2. 一条简谐振动曲线如图6所示,试由右图确定在 $t = 2$ 秒时刻质点的速度为_____.

3. 两相干波源 s_1、s_2 之间的距离为 20 m,两波的波速为 $c = 400$ m/s,频率 $v = 100$ Hz,振幅 A 相等且 $A = 0.02$ m,并且已知 s_1 的相位比 s_2 的相位超前 π,则 s_1 与 s_2 连线中点的振幅为_____.

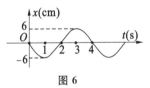

图 6

4. 两列波在同一条直线上传播,其表达式分别为
$$y_1 = 6.0\cos[\pi(0.02x - 8t)/2]$$
$$y_1 = 6.0\cos[\pi(0.02x + 8t)/2]$$
式中各量均为SI制.则驻波波节的位置为_____.

5. A、B 是简谐波波线上的两点,已知 B 点的位相比 A 点落后 $\pi/3$,A、B 两点相距 0.5 m,波的频率为 100 Hz,则该波的波速 $u = $ _____ m/s.

6. 一列平面简谐机械波在媒质中传播时,若某媒质元在 t 时刻的能量是 10 J,则在 $t + T$(T 为波的周期)时刻该媒质质元的振动动能是_____.

7. 为测定某音叉C的频率,选取频率已知且与C接近的另两个音叉A和B,已知A的频率为 800 Hz,B的频率是 797 Hz,进行下面试验:

第一步,使音叉A和C同时振动,测得拍频为每秒2次;

第二步,使音叉B和C同时振动,测得拍频为每秒5次.

由此可确定音叉C的频率为_____.

8. 一个单摆的悬线长 $l = 1.5$ m,在顶端固定点的竖直下方 0.45 m 处有一个小钉,如图7所示.设摆动很小,则单摆的左右两方振幅之比 A_1/A_2 的近似值为_____.

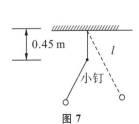

图 7

9. 图8为一列平面简谐波在 $t = 2$ s 时刻的波形图,波的振幅为 0.2 m,周期为 4 s,则图中质点 P 的振动方程为_____.

10. 一个静止的报警器,其频率为 1000 Hz,有一辆汽车以 79.2 km 的时速背离报警器时,坐在汽车里的人听到报警声的频率分别是 _____ (设空气中声速为 340 m/s).

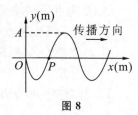
图 8

三、计算题(每小题 10 分,共 40 分)

1. 一列简谐波,振动周期 $T=1/2$ s,波长 $\lambda=10$ m,振幅 $A=0.1$ m,当 $t=0$ 时刻,波源振动的位移恰好为正方向的最大值,若坐标原点和波源重合,且波沿 x 正方向传播,求:

(1) 此波的表达式;

(2) $t_1=T/4$ 时刻,$x_1=\lambda/4$ 处质点的位移;

(3) $t_2=T/2$ 时刻,$x_1=\lambda/4$ 处质点的振动速度.

2. 一列平面简谐波在介质中以速度 $c=20$ m/s 自左向右传播,已知在传播路径上某点 A 的振动方程为 $y=3\cos(4\pi t-\pi)$(SI),另一点 D 在 A 右方 9 m 处。

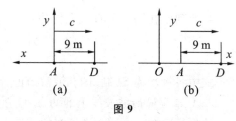
图 9

(1) 若取 x 轴方向向左,并以 A 为坐标原点,如图 9(a)所示,试写出波动方程,并求出 D 点的振动方程;

(2) 若取 x 轴方向向右,以 A 点左方 5 m 处的 O 点为 x 轴原点,如图 9(b)所示,重新写出波动方程及 D 点的振动方程.

3. 如图 10 所示,S_1,S_2 为振幅、振动频率、振动方向均相同的两个点波源,振动方向垂直纸面,两者相距 $3\lambda/2$(λ 为波长). 已知 S_1 的初相为 $1\pi/2$.

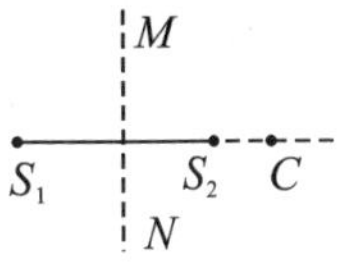

(1) 若使射线 S_2C 上各点由两列波引起的振动均干涉相消,求 S_2 产生的波动方程;

(2) 若使 S_1S_2 连线的中垂线 MN 上各点由两列波引起的振动均干涉相消,求 S_2 产生的波动方程.

图 10

4. 一列横波在绳索上传播,其表达式为 $y_1 = 0.05\cos[2\pi(t/0.05 - x/4)]$ (SI).

(1) 现有另一列横波(振幅也是 0.05 m)与上述已知横波在绳索上形成驻波,设这一列横波在 $x=0$ 处与已知横波同相位,写出该波的方程.

(2) 写出绳索上的驻波方程,求出各波节的位置坐标表达式,并写出离原点最近的四个波节的坐标数值.

班级_____ 姓名_____ 序号_____ 成绩_____

测试四:光学测试题

一、选择题(每小题 2 分,共 30 分)

1. 平板玻璃和凸透镜构成牛顿环装置,全部浸入 $n=1.60$ 的液体中,凸透镜可沿 OO' 移动,用波长 $\lambda=500$ nm(1 nm$=10^{-9}$ m)的单色光垂直入射.从上向下观察,看到中心是一个暗斑,此时凸透镜顶点距平板玻璃的距离最少是( ).

   A. 156.3 nm 　　　　　　　　　B. 148.8 nm
   C. 78.1 nm 　　　　　　　　　 D. 74.4 nm

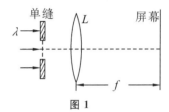

图 1

2. 在如图 1 所示的单缝夫琅和费衍射实验中,若将单缝沿垂直于透镜光轴的方向稍微向上平移时,则屏幕上的衍射条纹( ).

   A. 间距变大
   B. 间距变小
   C. 不发生变化
   D. 间距不变,但明暗条纹的位置交替变化

3. 设光栅平面、透镜均与屏幕平行.则当入射的平行单色光从垂直于光栅平面入射变为斜入射时,能观察到的光谱线的最高级次 k( ).

   A. 变小 　　　　　　　　　　B. 变大
   C. 不变 　　　　　　　　　　D. 改变无法确定

4. 在双缝干涉实验中,用单色自然光,在屏幕上形成干涉条纹,若在两缝后放一个偏振片,则( ).

   A. 无干涉条纹
   B. 干涉条纹的间距不变,但明纹的亮度加强
   C. 干涉条纹的间距变窄,且明纹的亮度减弱
   D. 干涉条纹的间距不变,但明纹的亮度减弱

5. 一束光强为 I_0 的自然光,相继通过三个偏振片 P_1、P_2、P_3 后,出射光的光强为 $I=I_0/8$. 已知 P_1 和 P_2 的偏振化方向相互垂直,若以入射光线为轴,旋转 P_2,要使出射光的光强为零,P_2 最少要转过的角度是( ).

   A. $30°$ 　　　　　　　　　　B. $45°$
   C. $60°$ 　　　　　　　　　　D. $90°$

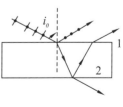

6. 一束自然光自空气射向一块平板玻璃(见图 2),设入射角等于布儒斯特角 i_0,则在界面 2 的反射光( ).

   A. 是自然光
   B. 是线偏振光且光矢量的振动方向垂直于入射面
   C. 是线偏振光且光矢量的振动方向平行于入射面
   D. 是部分偏振光

图 2

7. 如图 3 所示,s_1、s_2 是两个相干光源,它们到 P 点的距离分别为 r_1 和 r_2,路径 s_1P 垂直穿过一块厚度为 t_1,折射率为 n_1 的介质板,路径 s_2P 垂直穿过厚度为 t_2,折射率为 n_2 的另一介质板,其余部分可看作真空,这两条路径的光程差等于( )。

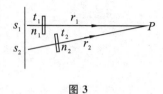

图 3

A. $(r_2+n_2t_2)-(r_1+n_1t_1)$

B. $[r_2+(n_2-1)t_2]-[r_1+(n_1-1)t_1]$

C. $(r_2-n_2t_2)-(r_1-n_1t_1)$

D. $n_2t_2-n_1t_1$

8. 如图 4 所示,平行单色光垂直照射到薄膜上,经上下两表面反射的两束光发生干涉,若薄膜的厚度为 e,并且 $n_1<n_2>n_3$,λ_1 为入射光在折射率为 n_1 的媒质中的波长,则两束反射光在相遇点的位相差为( )。

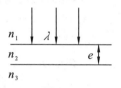

图 4

A. $2\pi n_2 e/(n_1\lambda_1)$ B. $4\pi n_1 e/(n_2\lambda_1)+\pi$

C. $4\pi n_2 e/(n_1\lambda_1)+\pi$ D. $4\pi n_2 e/(n_1\lambda_1)$

9. 在光栅光谱中,假如所有偶数级次的主极大都恰好在每缝衍射的暗纹方向上,因而实际上不出现,那么此光栅每个透光缝宽度 a 和相邻两缝间不透光部分宽度 b 的关系为( )。

A. $a=b$ B. $a=2b$ C. $a=3b$ D. $b=2a$

10. 测绘人员绘制地图时,常常需要从高空飞机上向地面照相,称航空摄影。若使用照相机镜头焦距为 50 mm,则底片与镜头距离为( )。

A. 100 mm 以外   B. 恰为 50 mm   C. 50 mm 以内   D. 略大于 50 mm

11. 显微镜的目镜焦距为 2 cm,物镜焦距为 1.5 cm,物镜与目镜相距 20 cm,最后成像于无穷远处,当把两镜做为薄透镜处理,标本应放在物镜前的距离是( )。

A. 1.94 cm   B. 1.84 cm   C. 1.74 cm   D. 1.64 cm

12. 水的折射率为 4/3,在水面下有一个点光源,在水面上看到一个圆形透光面,若看到透光面圆心位置不变而半径不断减少,则下面正确的说法是( )。

A. 光源上浮   B. 光源下沉   C. 光源静止   D. 以上都不对

13. 根据惠更斯-菲涅耳原理,若已知光在某时刻的波阵面为 S,则 S 的前方某点 P 的光强度取决于波阵面 S 上所有面积元发出的子波各自传到 P 点的( )。

A. 振动振幅之和

B. 光强之和

C. 振动振幅之和的平方

D. 振动的相干叠加

14. 如图 5(a)所示,一块光学平板玻璃 A 与待测工件 B 之间形成空气劈尖,用波长 $\lambda=500$ nm (1 nm$=10^{-9}$ m) 的单色光垂直照射。看到的反射光的干涉条纹如图 5(b)所示。有些条纹弯曲部分的顶点恰好与其右边条纹的直线部分的连线相切。则工件的上表面缺陷是( )。

A. 不平处为凸起纹,最大高度为 500 nm

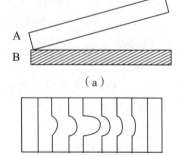

图 5

B. 不平处为凸起纹,最大高度为 250 nm
C. 不平处为凹槽,最大深度为 500 nm
D. 不平处为凹槽,最大深度为 250 nm

15. ABCD 为一块方解石的一个截面,AB 为垂直于纸面的晶体平面与纸面的交线,光轴方向在纸面内且与 AB 成一锐角 θ,如图 6 所示.一束平行的单色自然光垂直于 AB 端面入射,在方解石内折射光分解为 o 光和 e 光,o 光和 e 光的(　　).

A. 传播方向相同,电场强度的振动方向互相垂直
B. 传播方向相同,电场强度的振动方向不互相垂直
C. 传播方向不同,电场强度的振动方向互相垂直
D. 传播方向不同,电场强度的振动方向不互相垂直

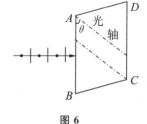

图 6

二、填空题(每小题 3 分,共 30 分)

1. 如图 7 所示,假设有两个同相的相干点光源 S_1 和 S_2,发出波长为 λ 的光.A 是它们连线的中垂线上的一点.若在 S_1 与 A 之间插入厚度为 e、折射率为 n 的薄玻璃片,若已知 $\lambda=500$ nm,$n=1.5$,A 点恰为第四级明纹中心,则 $e=$＿＿＿＿ nm.(1 nm$=10^{-9}$ m)

2. 如图 8 所示,在双缝干涉实验中 $SS_1=SS_2$,用波长为 λ 的光照射双缝 S_1 和 S_2,通过空气后在屏幕 E 上形成干涉条纹.已知 P 点处为第三级明条纹,若将整个装置放于某种透明液体中,P 点为第四级明条纹,则该液体的折射率 $n=$＿＿＿＿.

3. 如图 9 所示,波长为 $\lambda=480.0$ nm 的平行光垂直照射到宽度为 $a=0.40$ mm 的单缝上,单缝后透镜的焦距为 $f=60$ cm,当单缝两边缘点 A、B 射向 P 点的两条光线在 P 点的相位差为 π 时,P 点离透镜焦点 O 的距离等于＿＿＿＿.

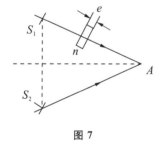
图 7

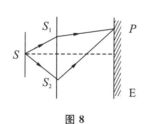
图 8

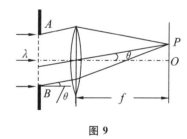
图 9

4. 假设某介质对于空气的临界角是 $45°$,则光从空气射向此介质时的布儒斯特角是＿＿＿＿.

5. 光的干涉和衍射现象反映了光的＿＿＿＿性质.

6. 牛顿环装置中透镜与平板玻璃之间充以某种液体时,观察到第 10 级暗环的直径由 1.42 cm 变成 1.27 cm,由此得该液体的折射率 $n=$＿＿＿＿.

7. 用白光(400～760 nm)垂直照射每毫米 200 条刻痕的光栅,光栅后放一焦距为 200 cm 的凸透镜,则第一级光谱的宽度为＿＿＿＿.

8. 某人看近处正常.看远处能看清眼前 5 米处,则此人需要佩戴凹透镜来矫正,需佩戴透镜的屈光度是＿＿＿＿.

9. X 射线入射到晶格常数为 d 的晶体中,可能发生布喇格衍射的最大波长为＿＿＿＿.

10. 平行单色光垂直入射于单缝上,观察夫琅和费衍射.若屏上 P 点处为第二级暗纹,则单缝处波面相应地可划分为＿＿＿＿个半波带.

三、计算题(每小题 10 分,共 40 分)

1. 如图 10 所示,牛顿环装置的平凸透镜与平板玻璃有一小缝 e_0. 现用波长为 λ 的单色光垂直照射,已知平凸透镜的曲率半径为 R,求反射光形成的牛顿环的各暗环半径.

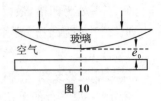

图 10

2. 波长为 600 nm 的单色光正入射到一块透明平面光栅上,有两个相邻的主极大分别出现在 $\sin\theta_1 = 0.2$ 和 $\sin\theta_2 = 0.3$ 处,第 4 级为缺级,求:
(1)光栅常量;
(2)光栅上缝的最小宽度;
(3)确定了光栅常数与缝宽后,试求在光屏上呈现的全部级数.

3. 在双缝干涉实验中,波长 $\lambda = 550$ nm 的单色平行光垂直入射到缝间距 $a = 2 \times 10^{-4}$ m 的双缝上,屏到双缝的距离 $D = 2$ m. 求:
(1) 中央明纹两侧的两条第 10 级明纹中心的间距;
(2) 用一块厚度为 $d = 6.6 \times 10^{-5}$ m、折射率为 $n = 1.58$ 的玻璃片覆盖一条缝后,零级明纹将移到原来的第几级明纹处?

4. 两块偏振片叠在一起,其偏振化方向成 30° 角,由强度相同的自然光和线偏振光混合而成的光束垂直入射在偏振片上,已知两种成分的入射光透射后强度相等.
(1) 若不计偏振片对透射分量的反射和吸收,求入射光中线偏振光光矢量振动方向与第一个偏振片偏振化方向之间的夹角.
(2) 若每个偏振片对透射光的吸收率为 5%,求透射光与入射光的强度之比.

班级_____ 姓名_____ 序号_____ 成绩_____

测试五:《大学物理(上)》测试卷

一、选择题(每小题2分,共30分)

1. 质点做半径为 R 的变速圆周运动时,加速度大小为(v 表示任一时刻质点的速率)( ).

   A. dv/dt　　　　　　　　　　　　B. v^2/R
   C. $dv/dt + v^2/R$　　　　　　　　D. $[(dv/dt)^2 + (v^4/R^2)]^{1/2}$

2. 一个小球沿斜面向上运动,其运动方程为 $s = 5 + 8t - t^2$ (SI),则小球运动到最高处的时刻是( ).

   A. $t = 4$ s　　B. $t = 2$ s　　C. $t = 8$ s　　D. $t = 5$ s

3. 粒子 B 的质量是粒子 A 的质量的 2 倍,开始时粒子 A 的速度为 $(3\boldsymbol{i} + 4\boldsymbol{j})$,粒子 B 的速度为 $(2\boldsymbol{i} - 7\boldsymbol{j})$,由于两者的相互作用,粒子 A 的速度变为 $(7\boldsymbol{i} - 4\boldsymbol{j})$,此时粒子 B 的速度等于( ).

   A. $\boldsymbol{i} - 5\boldsymbol{j}$　　B. $2\boldsymbol{i} - 7\boldsymbol{j}$　　C. $-3\boldsymbol{j}$　　D. $5\boldsymbol{i} - 3\boldsymbol{j}$

4. 有一个半径为 R 的水平圆转台,可绕通过其中心的竖直固定光滑轴转动,转动惯量为 J,开始时转台以匀角速度 ω_0 转动,此时有一个质量为 m 的人站在转台中心,随后人沿半径向外跑去,当人到达转台边缘时,转台的角速度为( ).

   A. $J\omega_0/(J + mR^2)$　　　　　　B. $J\omega_0/[(J + m)R^2]$
   C. $J\omega_0/(mR^2)$　　　　　　　D. ω_0

5. 一个容器内装有 N_1 个单原子理想气体分子和 N_2 个刚性双原子理想气体分子,当该系统处在温度为 T 的平衡态时,其内能为( ).

   A. $(N_1 + N_2)[(3/2)kT + (5/2)kT]$
   B. $(1/2)(N_1 + N_2)[(3/2)kT + (5/2)kT]$
   C. $N_1(3/2)kT + N_2(5/2)kT$
   D. $N_1(5/2)kT + N_2(3/2)kT$

6. 气缸中有一定量的氧气(视为理想气体),经过绝热压缩,体积变为原来的一半,问气体分子的平均速率变为原来的几倍?( )

   A. $2^{2/5}$　　B. $2^{1/5}$　　C. $2^{2/3}$　　D. $2^{1/3}$

7. 在弦线上有一列简谐波,其表达式是 $y_1 = 2.0 \times 10^{-2} \cos[2\pi(t/0.02 - x/20) + \pi/3]$ (SI),为了在此弦线上形成驻波,并且在 $x = 0$ 处为一个波节,此弦线上还应有一列简谐波,其表达式为( ).

   A. $y_2 = 2.0 \times 10^{-2} \cos[2\pi(t/0.02 + x/20) + \pi/3]$　(SI)
   B. $y_2 = 2.0 \times 10^{-2} \cos[2\pi(t/0.02 + x/20) + 2\pi/3]$　(SI)
   C. $y_2 = 2.0 \times 10^{-2} \cos[2\pi(t/0.02 + x/20) + 4\pi/3]$　(SI)
   D. $y_2 = 2.0 \times 10^{-2} \cos[2\pi(t/0.02 + x/20) - \pi/3]$　(SI)

8. 用白光光源进行双缝实验,若用一个纯红色的滤光片遮盖一条缝,用一个纯蓝色的滤光片遮盖另一条缝,则( ).

A. 干涉条纹的宽度将发生改变　　　　　　　B. 产生红光和蓝光的两套彩色干涉条纹
C. 干涉条纹的亮度将发生改变　　　　　　　D. 不产生干涉条纹

9. 一束波长为 λ 的单色光由空气垂直入射到折射率为 n 的透明薄膜上,透明薄膜放在空气中,要使透射光得到干涉加强,则薄膜最小的厚度为(　　).
A. $\lambda/4$　　　　B. $\lambda/(4n)$　　　　C. $\lambda/2$　　　　D. $\lambda/(2n)$

10. 在迈克耳孙干涉仪的一条光路中,放入一个折射率为 n、厚度为 d 的透明薄片,放入后,这条光路的光程改变了(　　).
A. $2(n-1)d$　　　　　　　　　　　　　　B. $2nd$
C. $2(n-1)d+\lambda/2$　　　　　　　　　　D. nd
E. $(n-1)d$

11. 一列平面简谐波,其振幅为 A,频率为 γ.波沿 x 轴正方向传播.设 $t=t_0$ 时刻波形如图1所示.则 $x=0$ 处质点的振动方程为(　　).

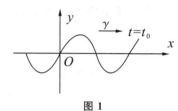

图 1

A. $y=A\cos[2\pi\gamma(t+t_0)+\frac{1}{2}\pi]$

B. $y=A\cos[2\pi\gamma(t-t_0)+\frac{1}{2}\pi]$

C. $y=A\cos[2\pi\gamma(t-t_0)-\frac{1}{2}\pi]$

D. $y=A\cos[2\pi\gamma(t-t_0)+\pi]$

12. 一列简谐横波沿 Ox 轴传播. 若 Ox 轴上 P_1 和 P_2 两点相距 $\lambda/8$(其中 λ 为该波的波长),则在波的传播过程中,这两点振动速度的(　　).
A. 方向总是相同　　　　　　　　　　　　B. 方向总是相反
C. 方向有时相同,有时相反　　　　　　　D. 大小总是不相等

13. 气缸内盛有一定量的氢气(可视为理想气体),当温度不变而压强增大一倍时,氢气分子的平均碰撞频率 $\bar{z}$ 和平均自由程 $\bar{\lambda}$ 的变化情况是(　　).
A. $\bar{z}$ 和 $\bar{\lambda}$ 都增大一倍
B. $\bar{z}$ 和 $\bar{\lambda}$ 都减为原来的一半
C. $\bar{z}$ 增大一倍而 $\bar{\lambda}$ 减为原来的一半
D. $\bar{z}$ 减为原来的一半而 $\bar{\lambda}$ 增大一倍

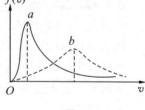

14. 设图2的两条曲线分别表示在相同温度下氧气和氢气分子的速率分布曲线;令 $(v_p)_{O_2}$ 和 $(v_p)_{H_2}$ 分别表示氧气和氢气的最概然速率,则(　　).

图 2

A. 图中 a 表示氧气分子的速率分布曲线;$(v_p)_{O_2}/(v_p)_{H_2}=4$
B. 图中 a 表示氧气分子的速率分布曲线;$(v_p)_{O_2}/(v_p)_{H_2}=1/4$
C. 图中 b 表示氧气分子的速率分布曲线;$(v_p)_{O_2}/(v_p)_{H_2}=1/4$
D. 图中 b 表示氧气分子的速率分布曲线;$(v_p)_{O_2}/(v_p)_{H_2}=4$

15. 一条轻绳跨过一个具有水平光滑轴、质量为 M 的定滑轮,绳的两端分别悬有质量为 m_1 和 m_2 的物体($m_1<m_2$),如图3所示.绳与轮之间无相对滑动.若某时刻滑轮沿逆时针方向转动,则绳中的张力(　　).

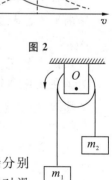

图 3

A. 右边等于左边　　　　　　　　　　　　B. 左边大于右边

C. 右边大于左边　　　　　　　　　　　　D. 哪边大无法判断

二、填空题(每小题 3 分,共 30 分)

1. 一个质点沿直线运动,其坐标 x 与时间 t 有如下关系:$x = Ae^{-\beta t}\cos\omega t$,$A$、$\beta$、$\omega$ 皆为常数. 则任意时刻 t 质点的加速度 $a = $_____.

2. 将一个质量为 m 的小球,系于轻绳的一端,绳的另一端穿过光滑水平桌面上的小孔用手拉住,先使小球以角速度 ω_1 在桌面上做半径为 r_1 的圆周运动,然后缓慢将绳下拉,使半径缩小为 r_2,在此过程中小球的动能增量是_____.

3. 如图 4 所示,一条轻绳绕于半径 $r = 0.2$ m 的飞轮边缘,并施以 $F = 98$ N 的拉力,若不计轴的摩擦,飞轮的角加速度等于 39.2 rad/s²,此飞轮的转动惯量为_____.

4. 卡诺制冷机的低温热源温度为 $T_2 = 300$ K,高温热源温度为 $T_1 = 450$ K,每一个循环从低温热源吸热 $Q_2 = 400$ J,已知该制冷机的制冷系数 $\omega = Q_2/A = T_2/(T_1 - T_2)$(式中 A 为外界对系统做的功),则每一个循环中外界必须做功 $A = $_____.

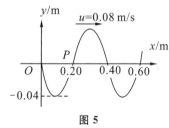

图 4

5. 在一个以匀速度 u 运动的容器中,盛有分子质量为 m 的某种单原子理想气体,若使容器突然停止运动,则气体状态达到平衡后,其温度的增量 $\Delta T = $_____.

6. 在静止的升降机中,长度为 l 的单摆的振动周期为 T_0,当升降机以加速度 $a = g/2$ 竖直下降时,摆的振动周期 $T = $_____.

7. 一列简谐波的频率为 5×10^4 Hz,波速为 1.5×10^3 m/s,在传播路径上相距 1×10^{-2} m 的两点之间的振动相位差为_____.

8. 在空气中有一个劈尖形透明物,劈尖角 $\theta = 1.0 \times 10^{-4}$ 弧度,在波长 $\lambda = 700$ nm 的单色光垂直照射下,测得两相邻干涉条纹间距 $l = 0.25$ cm,此透明材料的折射率 $n = $_____.

9. 平行单色光垂直入射于单缝上,观察夫琅和费衍射. 若屏上 P 点处为第三级明纹,则单缝处波面相应地可划分为_____个半波带.

10. 用波长为 546.1 nm 的平行单色光垂直照射到一块透射光栅上,在分光计上测得第一级光谱线的衍射角 $\theta = 30°$,则该光栅每一毫米上有_____条刻痕.

三、计算题(每小题 10 分,共 40 分)

1. 图示 5 为一列平面简谐波在 $t = 0$ 时刻的波形图,求:
(1) 该波的波动表达式;
(2) P 处质点的振动方程.

2. 如图 6 所示,一个质量为 m 的物体与绕在定滑轮上的绳子相连,绳子质量可以忽略,它与定滑轮之间无滑动. 假设定滑轮质量为 M、半径为 R,其转动惯量为 $\frac{1}{2}MR^2$,滑轮轴光滑.

试求该物体由静止开始下落的过程中,下落速度与时间的关系.

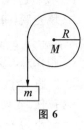

图 6

3. 一定量的理想气体经历如图 7 所示的循环过程,$A \to B$ 和 $C \to D$ 是等压过程,$B \to C$ 和 $D \to A$ 是绝热过程. 已知:$T_C = 250$ K,$T_B = 400$ K,试求此循环的效率.

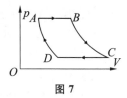

图 7

4. 在双缝干涉实验中,单色光源 s 到两缝 s_1 和 s_2 的距离分别为 l_1 和 l_2,并且 $l_1 - l_2 = 3\lambda$,λ 为入射光的波长,双缝之间的距离为 d,双缝到屏幕的距离为 D,如图 8 所示,若要零级明纹仍出现在屏幕中央 O 点,可以在哪条缝的后方加云母片来实现?已知云母片的折射率为 n,那它的厚度应是多少?

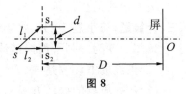

图 8

班级_____ 姓名_____ 序号_____ 成绩_____

测试六:静电学测试题

一、选择题(每题 2 分,共 30 分)

1. 关于试验电荷,以下说法正确的是(　　).
   A. 试验电荷是电量极小的电荷
   B. 试验电荷是体积极小的电荷
   C. 试验电荷是体积和电量都极小的电荷
   D. 试验电荷是电量足够小,以至于它不影响产生原电场的电荷分布,从而不影响原电场;同时是体积足够小,以至于它所在的位置真正代表一点的电荷(这里的足够小都是相对问题而言的)

2. 关于高斯定理的理解有下面几种说法,其中正确的是(　　).
   A. 如高斯面上 E 处处为零,则该面内必无电荷
   B. 如高斯面内无电荷,则高斯面上 E 处处为零
   C. 如高斯面上 E 处处不为零,则高斯面内必有电荷
   D. 如高斯面内有净电荷,则通过高斯面的电通量必不为零

3. 如图 1 所示,一个电荷为 q 的点电荷位于立方体的 A 角上,则通过侧面 $abcd$ 的电场强度通量等于(　　).
   A. $\dfrac{q}{6\varepsilon_0}$ B. $\dfrac{q}{12\varepsilon_0}$ C. $\dfrac{q}{24\varepsilon_0}$ D. $\dfrac{q}{48\varepsilon_0}$

4. 如图 2 所示,两个"无限长"的、半径分别为 R_1 和 R_2 的共轴圆柱面均匀带电,沿轴线方向单位长度上所带电荷分别为 λ_1 和 λ_2,则在内圆柱面里面、距离轴线为 r 处的 P 点的电场强度大小 E 为(　　).
   A. $\dfrac{\lambda_1+\lambda_2}{2\pi\varepsilon_0 r}$ B. $\dfrac{\lambda_1}{2\pi\varepsilon_0 R_1}+\dfrac{\lambda_2}{2\pi\varepsilon_0 R_2}$
   C. $\dfrac{\lambda_1}{2\pi\varepsilon_0 R_1}$ D. 0

5. 图 3 中有两个完全相同的电容器 C_1 和 C_2,串联后与电源连接.现将一块各向同性均匀电介质板插入 C_1 中,则(　　).
   A. 电容器组总电容减小   B. C_1 上的电量大于 C_2 上的电量
   C. C_1 上的电压高于 C_2 上的电压   D. 电容器组储存的总能量增大

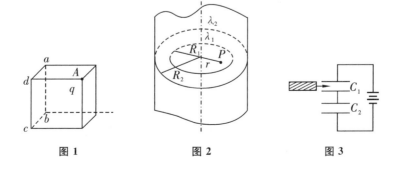

图 1　　　　　图 2　　　　　图 3

6. 如图4所示,在真空中半径分别为 R 和 $2R$ 的两个同心球面,其上分别均匀地带有电量 $+q$ 和 $-3q$,今将一个电量为 $+Q$ 的带电粒子从内球面处由静止释放,则该粒子到达外球面时的动能为( ).

A. $\dfrac{Qq}{4\pi\varepsilon_0 R}$ B. $\dfrac{Qq}{2\pi\varepsilon_0 R}$ C. $\dfrac{Qq}{8\pi\varepsilon_0 R}$ D. $\dfrac{3Qq}{8\pi\varepsilon_0 R}$

7. 如图5所示,厚度为 d 的"无限大"均匀带电导体板,电荷面密度为 σ,则板两侧离板面距离均为 h 的两点 a、b 之间的电势差为( ).

A. 0 B. $\sigma/2\varepsilon_0$ C. $\sigma h/\varepsilon_0$ D. $2\sigma h/\varepsilon_0$

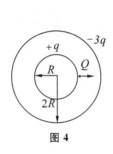

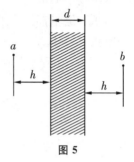

图4 图5

8. 真空中有一个均匀带电球体和一个均匀带电球面,如果它们的半径和所带的电量都相等,则它们的静电能之间的关系是( ).

A. 均匀带电球体产生电场的静电能等于均匀带电球面产生电场的静电能

B. 均匀带电球体产生电场的静电能大于均匀带电球面产生电场的静电能

C. 均匀带电球体产生电场的静电能小于均匀带电球面产生电场的静电能

D. 球体内的静电能大于球面内的静电能,球体外的静电能小于球面外的静电能

9. 如图6所示,一个半径为 a 的"无限长"圆柱面上均匀带电,其电荷线密度为 λ,在它外面同轴地套一个半径为 b 的薄金属圆筒,圆筒原先不带电,但与地连接,设地的电势为零,则在内圆柱面里面、距离轴线为 r 的 P 点的场强大小和电势分别为( ).

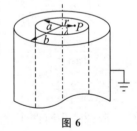

图6

A. $E=0$, $U=\dfrac{\lambda}{2\pi\varepsilon_0}\ln\dfrac{a}{r}$

B. $E=0$, $U=\dfrac{\lambda}{2\pi\varepsilon_0}\ln\dfrac{b}{a}$

C. $E=\dfrac{\lambda}{2\pi\varepsilon_0 r}$, $U=\dfrac{\lambda}{2\pi\varepsilon_0}\ln\dfrac{b}{r}$

D. $E=\dfrac{\lambda}{2\pi\varepsilon_0 r}$, $U=\dfrac{\lambda}{2\pi\varepsilon_0}\ln\dfrac{b}{a}$

10. 一块平行板电容器充电后仍与电源相连,若用绝缘手柄将电容器两极板间的距离拉大,则极板上的电荷 Q、电场强度的大小 E 和电场能量 W 将发生如下变化( ).

A. Q 增大,E 增大,W 增大 B. Q 减小,E 减小,W 减小

C. Q 增大,E 减小,W 增大 D. Q 增大,E 增大,W 减小

11. 图7中实线为某电场中的电场线,虚线表示等势(位)面,由图可看出( ).

A. $E_A > E_B > E_C$, $U_A > U_B > U_C$

B. $E_A < E_B < E_C$, $U_A < U_B < U_C$

C. $E_A > E_B > E_C$, $U_A < U_B < U_C$

D. $E_A < E_B < E_C$, $U_A > U_B > U_C$

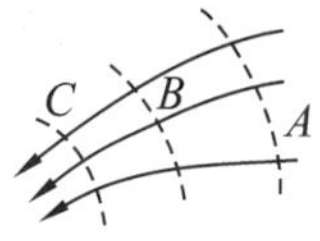

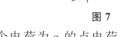

图 7

12. 半径为 R 的金属球与地连接. 在与球心 O 相距 $d=2R$ 处有一个电荷为 q 的点电荷. 如图 8 所示, 设地的电势为零, 则球上的感生电荷 q' 为( ).

A. 0　　　　B. $\dfrac{q}{2}$　　　　C. $-\dfrac{q}{2}$　　　　D. q

13. 如图 9 所示, 直线 MN 长为 $2l$, 弧 OCD 是以 N 点为中心、l 为半径的半圆弧, N 点有正电荷 $+q$, M 点有负电荷 $-q$. 今将一个试验电荷 $+q_0$ 从 O 点出发沿路径 $OCDP$ 移到无穷远处, 设无穷远处电势为零, 则电场力做功( ).

A. $A<0$, 且为有限常量

B. $A>0$, 且为有限常量

C. $A=\infty$

D. $A=0$

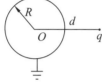

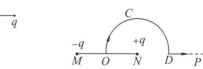

图 8　　　　图 9

14. 两个半径相同的金属球, 一个为空心, 一个为实心, 把两者各自孤立时的电容值加以比较, 则( ).

A. 空心球电容值大　　　　B. 实心球电容值大

C. 两球电容值相等　　　　D. 大小关系无法确定

15. 将一个空气平行板电容器接到电源上充电到一定电压后, 断开电源. 再将一块与极板面积相同的金属板平行地插入两极板之间, 则由于金属板的插入及其所放位置的不同, 对电容器储能的影响为( ).

A. 储能减少, 但与金属板相对极板的位置无关

B. 储能减少, 且与金属板相对极板的位置有关

C. 储能增加, 但与金属板相对极板的位置无关

D. 储能增加, 且与金属板相对极板的位置有关

二、填空题(每空 3 分,共 30 分)

1. 一条均匀带电直线长为 d, 电荷线密度为 $+\lambda$, 以导线中点 O 为球心、R 为半径 ($R>d/2$) 画一球面, 如图 10 所示, 则通过该球面的电场强度通量为_____, 带电直线的延长线与球面交点 P 处的电场强度的大小和方向为_____.

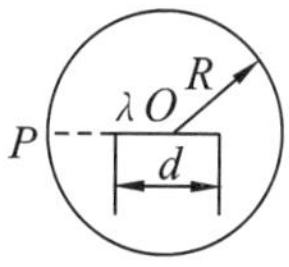

图 10

2. 一个空气平行板电容器, 两板相距为 d, 与一个电池连接时两板之间相互作用力的大小为 F, 在与电池保持连接的情况下, 将两板距离拉开到 $2d$, 则两板之间的相互作用力的大小是_____.

3. 电量分别为 q_1、q_2、q_3 的三个点电荷分别位于同一圆周的三个点上, 如图 11 所示, 设无穷

远处为电势零点,圆半径为 R,则 b 点处的电势 $U=$ _____.

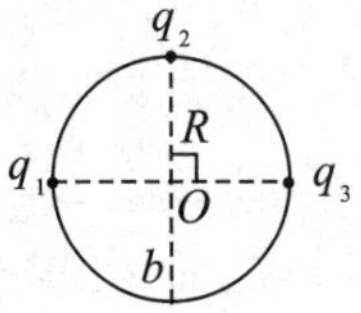

4. 图 12 所示为某电荷系形成的电场中的电力线示意图,已知 A 点处有电量为 Q 的点电荷,则从电力可判断 B 处存在一个 _____(填正、负)的点电荷;其电量 $|q|$ _____(填 $>$,$<$,$=$)Q.

5. 把一个均匀带有电荷 $+Q$ 的球形肥皂泡由半径 r_1 吹胀到 r_2,则半径为 $R(r_1<R<r_2)$ 的球面上任一点的场强大小 E 由 _____ 变为 _____;电势 U 由 _____ 变为 _____ (选无穷远处为电势零点).

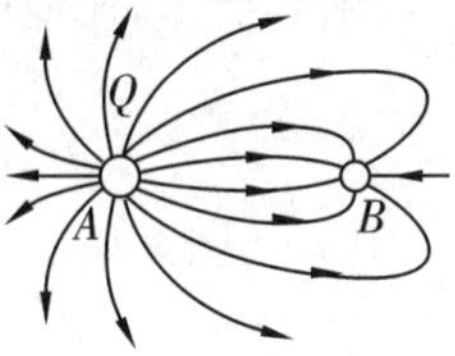

图 11

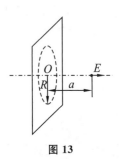

图 12

三、计算题(每题 10 分,共 40 分)

1. 如图 13 所示,一个电荷面密度为 σ 的"无限大"平面,在距离平面 a 处的一点的场强大小的一半是由平面上的一个半径为 R 的圆面积范围内的电荷所产生的,试求该圆半径的大小.

图 13

2. 两平行的无限长半径均为 r_0 的圆柱形导线相距为 $d(d \gg r_0)$,求单位长度的此两导线间的电容.

3. 半径为 R 的一个球体内均匀分布着电荷体密度为 ρ 的正电荷,若保持电荷分布不变,在该球体内挖去半径 r 的一个小球体,球心为 O',两球心间距离 $\overline{OO'}=d$,如图 14 所示,求:

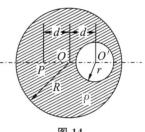

图 14

(1) 在球形空腔内,球心 O' 处的电场强度 E_0;

(2) 在球体内 P 点处的电场强度 E. 设 O'、O、P 三点在同一条直径上,且 $\overline{OP}=d$.

4. 一个均匀带电的球层,其电荷体密度为 ρ,球层内表面半径为 R_1,外表面半径为 R_2,设无穷远处为电势零点,求球层内任一点 $(R_1 < r_0 < R_2)$ 的电势.

班级_____ 姓名_____ 序号_____ 成绩_____

测试七:稳恒磁场测试题

一、选择题(每题2分,共30分)

1. 电流由长直导线1沿平行bc边方向经过a点流入由电阻均匀的导线构成的正三角形线框,由b点流出,经长直导线2沿cb延长线方向返回电源(如图1).已知直导线上的电流为I,三角框的每一边长为l.若载流导线1、2和三角框中的电流在三角框中心O点产生的磁感强度分别用$\boldsymbol{B}_1$、$\boldsymbol{B}_2$和$\boldsymbol{B}_3$表示,则O点的磁感强度大小( ).

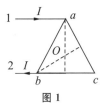

图1

A. $B=0$,因为$B_1=B_2=B_3=0$

B. $B=0$,因为$\boldsymbol{B}_1+\boldsymbol{B}_2=0$,$B_3=0$

C. $B\neq0$,因为虽然$\boldsymbol{B}_1+\boldsymbol{B}_2=0$,但$B_3\neq0$

D. $B\neq0$,因为虽然$B_3=0$,但$\boldsymbol{B}_1+\boldsymbol{B}_2\neq0$

2. 取一个闭合积分回路L,使三根载流导线穿过它所围成的面.现改变三根导线之间的相互间隔,但不越出积分回路,则( ).

A. 回路L内的I不变,L上各点的$\vec{B}$不变
B. 回路L内的I不变,L上各点的$\vec{B}$改变

C. 回路L内的I改变,L上各点的$\vec{B}$不变
D. 回路L内的I改变,L上各点的$\vec{B}$改变

3. 如图2所示,边长为a的正方形的四个角上固定有四个电荷均为q的点电荷.此正方形以角速度ω绕AC轴旋转时,在中心O点产生的磁感强度大小为B_1;此正方形同样以角速度ω绕过O点垂直于正方形平面的轴旋转时,在O点产生的磁感强度的大小为B_2,则B_1与B_2间的关系为( ).

图2

A. $B_1=B_2$ B. $B_1=2B_2$

C. $B_1=1/2B_2$ D. $B_1=B_2/4$

4. 有一个半径为R的单匝圆线圈,通以电流I,若将该导线弯成匝数$N=2$的平面圆线圈,导线长度不变,并通以同样的电流,则线圈中心的磁感强度和线圈的磁矩分别是原来的( ).

A. 4倍和1/8   B. 4倍和1/2   C. 2倍和1/4   D. 2倍和1/2

5. 电流I由长直导线1沿垂直bc边方向经a点流入由电阻均匀的导线构成的正三角形线框,再由b点流出,经长直导线2沿cb延长线方向返回电源(见图3).若载流直导线1和导线2和三角形框中的电流在框中心O点产生的磁感应强度分别用B_1、B_2和B_3表示,则O点的磁感强度大小( ).

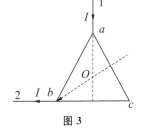

图3

A. $B=0$,因为$B_1=B_2=B_3=0$

B. $B\neq0$,因为虽然$B_3=0$、$B_1=0$,但$B_2\neq0$

C. $B\neq0$,因为虽然$\boldsymbol{B}_1+\boldsymbol{B}_2=0$,但$B_3\neq0$

D. $B=0$,因为虽然$B_1\neq0$、$B_2\neq0$,但$\boldsymbol{B}_1+\boldsymbol{B}_2=0$,$B_3=0$

6. 若空间存在两根无限长直载流导线,空间的磁场分布就不具有简单的对称性,则该磁场

分布( ).

A. 不能用安培环路定理来计算

B. 可以直接用安培环路定理求出

C. 只能用毕奥—萨伐尔定律求出

D. 可以用安培环路定理和磁感强度的叠加原理求出

7. 关于稳恒电流磁场的磁场强度 H,下列几种说法中哪个是正确的?( ).

A. H 仅与传导电流有关

B. 若闭合曲线内没有包围传导电流,则曲线上各点的 H 必为零

C. 若闭合曲线上各点 H 均为零,则该曲线所包围传导电流的代数和为零

D. 以闭合曲线 L 为边缘的任意曲面的磁通量均相等

8. 有一流过电流 $I=10$ A 的圆线圈,放在磁感强度等于 0.015 T 的匀强磁场中,处于平衡位置. 线圈直径 $d=12$ cm. 使线圈以它的直径为轴转过角 $\alpha=\pi/2$ 时,外力所必需做的功 A 为( ).

A. 1.70×10^{-3} J   B. 1.80×10^{-3} J   C. 0 J   D. 1.60×10^{-3} J

9. 如图 4 所示,质量均匀分布的导线框 abcd 置于均匀磁场中(B 的方向竖直向上),线框可绕 AA' 轴转动,导线通电转过 θ 角后达到稳定平衡. 如果导线改用密度为原来 1/2 的材料做,欲保持原来的稳定平衡位置(即 θ 角不变),可以采用哪一种办法?( ).

A. 将磁场 B 减为原来的 1/2 或线框中电流减为原来的 1/2

B. 将导线的 bc 部分长度减小为原来的 1/2

C. 将导线 ab 和 cd 部分长度减小为原来的 1/2

D. 将磁场 B 减少 1/4,线框中电流强度减少 1/4

10. 如图 5 所示,在磁感应强度为 B 的均匀磁场中,有一根圆形载流导线,a、b、c 是其上三个长度相等的电流元,则它们所受安培力大小的关系为( ).

A. $F_a > F_b > F_c$ B. $F_a < F_b < F_c$ C. $F_b > F_c > F_a$ D. $F_a > F_c > F_b$

11. 一个运动电荷 q,质量为 m,进入均匀磁场中( ).

A. 其动能改变,动量不变   B. 其动能和动量都改变

C. 其动能不变,动量改变   D. 其动能、动量都不变

12. 如图 6 所示,一根长为 ab 的导线用软线悬挂在磁感应强度为 B 的匀强磁场中,电流由 a 向 b 流. 此时悬线张力不为零(即安培力与重力不平衡). 欲使 ab 导线与软线连接处张力为零则必须( ).

A. 改变电流方向,并适当增大电流

B. 不改变电流方向,而适当增大电流

C. 改变磁场方向,并适当增大磁感应强度 B 的大小

D. 不改变磁场方向,适当减小磁感应强度 B 的大小

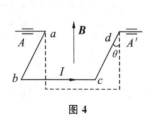

图 4

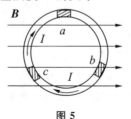

图 5

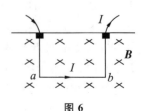

图 6

13. 有一个矩形线圈 $AOCD$,通以如图7所示方向的电流 I,将它置于均匀磁场 $\boldsymbol{B}$ 中,$\boldsymbol{B}$ 的方向与 x 轴正方向一致,线圈平面与 x 轴之间的夹角为 α,$\alpha<90°$. 若 AO 边在 y 轴上,且线圈可绕 y 轴自由转动,则线圈将( ).

A. 转动使 α 角减小 B. 转动使 α 角增大
C. 不会发生转动 D. 如何转动尚不能判定

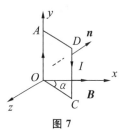

图 7

14. 有一个半径为 $R=0.1$ m 由细软导线做成的圆环,流过 $I=10$ A 的电流,将圆环放在一个磁感应强度 $B=1$ T 的均匀磁场中,磁场的方向与圆电流的磁矩方向一致,今有外力作用在导线环上,使其变成正方形,则在维持电流不变的情况下,外力克服磁场力所做的功是( ).

A. 1 J B. 0.314 J C. 0.247 J D. 6.74×10 J

15. 在充满顺磁质的无限长螺线管中沿轴向挖去一个细长圆柱形介质(如图8所示),若1、2、3、4 各点处的磁感应强度分别为 B_1、B_2、B_3、B_4,磁场强度分别为 H_1、H_2、H_3、H_4,则它们之间的关系为( ).

A. $B_3>B_4$,$H_1>H_2$ B. $B_3>B_4$,$H_1<H_2$
C. $B_3<B_4$,$H_1>H_2$ D. $B_3<B_4$,$H_1<H_2$

图 8

二、填空题(每空 3 分,共 30 分)

1. 有一半径为 a,流过稳恒电流为 I 的 1/4 圆弧形载流导线 bc,按图9所示方式置于均匀外磁场 $\boldsymbol{B}$ 中,则该载流导线所受的安培力大小为_____.

2. 图 10 中一根无限长直导线通有电流 I,在 P 点处被弯成了一个半径为 R 的圆,且 P 点处无交叉和接触,则圆心 O 处的磁感应强度大小为_____,方向为_____.

3. 有很大的剩余磁化强度的软磁材料不能做成永磁体,这是因为软磁材料_____,如果做成永磁体_____.

图 9

4. 长直电缆由一个圆柱导体和一共轴圆筒状导体组成,两导体中有等值反向均匀电流 I 通过,其间充满磁导率为 μ 的均匀磁介质. 介质中离中心轴距离为 r 的某点处的磁场强度的大小 $H=$_____,磁感应强度的大小 $B=$_____.

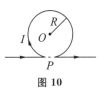

图 10

5. 一个质点带有电荷 $q=8.0\times10^{-19}$ C,以速度 $v=3.0\times10^5$ m/s 在半径为 $R=6.0\times10^{-8}$ m 的圆周上,做匀速圆周运动,该运动的带电质点在轨道中心所产生的磁感应强度 $B=$_____. 该运动的带电质点轨道运动的磁矩 $p_m=$_____.

6. 如图11,在无限长直载流导线的右侧有面积为 S_1 和 S_2 的两个矩形回路. 两个回路与长直载流导线在同一平面,且矩形回路的一边与长直载流导线平行. 则通过面积为 S_1 的矩形回路的磁通量与通过面积为 S_2 的矩形回路的磁通量之比为_____.

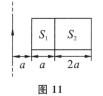

图 11

三、计算题(每题 10 分,共 40 分)

1. 如图12所示,由一根细绝缘导线按 $ACEBDA$ 折成一个正五角星形,并按以上流向通电流 $I=1$ A,星形之外接圆半径为 $R=1$ m,求五角星任一个顶点处磁感应强度的大小.(真

空磁导率 $\mu_0 = 4\pi \times 10^{-7}$ T·m/A)

($\sin 72° = 0.9511, \sin 36° = 0.5878, \cos 72° = 0.3090, \cos 36° = 0.8090$)

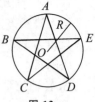

图 12

2. 如图 13 所示,一根无限长直导线通有电流 $I = 10$ A,在一处折成夹角 $\theta = 60°$ 的折线,求角平分线上与导线的垂直距离均为 $r = 0.1$ cm 的 P 点处的磁感应强度.($\mu_0 = 4\pi \times 10^{-7}$ H/m)

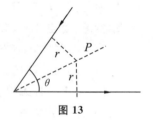

图 13

3. 半径为 R 的无限长圆筒上有一层均匀分布的面电流,这些电流环绕着轴线沿螺旋线流动并与轴线方向成 α 角.设面电流密度(沿筒面垂直电流方向单位长度的电流)为 i,求轴线上的磁感应强度.

4. 一根同轴线由半径为 R_1 的长导线和套在它外面的内半径为 R_2、外半径为 R_3 的同轴导体圆筒组成.中间充满磁导率为 μ_0 的各向同性均匀非铁磁绝缘材料,如图 14 所示.传导电流 I 沿导线向上流去,由圆筒向下流回,在它们的截面上电流都是均匀分布的.求同轴线内外的磁感应强度大小 B 的分布.

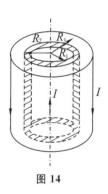

图 14

班级_____ 姓名_____ 序号_____ 成绩_____

测试八:电磁感应测试题

一、选择题(每题 2 分,共 30 分)

1. 两根无限长平行直导线载有大小相等、方向相反的电流 I,并各以 dI/dt 的变化率增长,一个矩形线圈位于导线平面内(见图1),则( ).

   A. 线圈中无感应电流　　　　　　　B. 线圈中感应电流为顺时针方向

   C. 线圈中感应电流为逆时针方向　　D. 线圈中感应电流方向不确定

2. 如图 2 所示,M、N 为水平面内两根平行金属导轨,ab 与 cd 为垂直于导轨并可在其上自由滑动的两根直裸导线. 外磁场垂直水平面向上. 当外力使 ab 向右平移时,cd ( ).

   A. 不动　　　　B. 转动　　　　C. 向左移动　　　　D. 向右移动

3. 在两个永久磁极中间放置一个圆形线圈,线圈的大小和磁极大小约相等,线圈平面和磁场方向垂直. 今欲使线圈中产生逆时针方向(俯视)的瞬时感应电流 i(见图3),可选择下列哪一个方法?( )

   A. 把线圈在自身平面内绕圆心旋转一个小角度

   B. 把线圈绕通过其直径的 OO' 轴转一个小角度

   C. 把线圈向上平移

   D. 把线圈向右平移

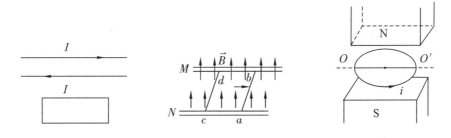

图 1　　　　　　　图 2　　　　　　　图 3

4. 有两个长直密绕螺线管,长度及线圈匝数均相同,半径分别为 r_1 和 r_2. 管内充满均匀介质,其磁导率分别为 μ_1 和 μ_2. 设 $r_1:r_2=1:2, \mu_1:\mu_2=2:1$,当将两只螺线管串联在电路中通电稳定后,其自感系数之比 $L_1:L_2$ 与磁能之比 $W_{m1}:W_{m2}$ 分别为( ).

   A. $L_1:L_2=1:1, W_{m1}:W_{m2}=1:1$　　　　B. $L_1:L_2=1:2, W_{m1}:W_{m2}=1:1$

   C. $L_1:L_2=1:2, W_{m1}:W_{m2}=1:2$　　　　D. $L_1:L_2=2:1, W_{m1}:W_{m2}=2:1$

5. 在圆柱形空间内有一个磁感强度为 $\vec{B}$ 的均匀磁场,如图 4 所示. $\vec{B}$ 的大小以速率 dB/dt 变化. 在磁场中有 A、B 两点,其间可放直导线 AB 和弯曲的导线 AB,则( ).

   A. 电动势只在直线型 AB 导线中产生

   B. 电动势只在弧线型 AB 导线中产生

   C. 电动势在直线型 AB 和弧线型 AB 中都产生,且两者大小相等

   D. 直线型 AB 导线中的电动势小于弧线型 AB 导线中的电动势

6. 面积为 S 和 $2S$ 的两圆线圈 1、2 如图 5 放置,通有相同的电流 I. 线圈 1 的电流所产生的通过线圈 2 的磁通用 Φ_{21} 表示,线圈 2 的电流所产生的通过线圈 1 的磁通用 Φ_{12} 表示,则 Φ_{21} 和 Φ_{12} 的大小关系为( ).

A. $\Phi_{21}=2\Phi_{12}$ B. $\Phi_{21}>\Phi_{12}$ C. $\Phi_{21}=\Phi_{12}$ D. $\Phi_{21}=\dfrac{1}{2}\Phi_{12}$

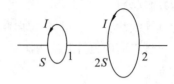

图 4   图 5

7. 在无限长的载流直导线附近放置一个矩形闭合线圈,开始时线圈与导线在同一个平面内,且线圈中两条边与导线平行,当线圈以相同的速率做如图 6 所示的三种不同方向的平动时,线圈中的感应电流( ).

A. 以情况Ⅰ中为最大
B. 以情况Ⅱ中为最大
C. 以情况Ⅲ中为最大
D. 在情况Ⅰ和Ⅱ中相同

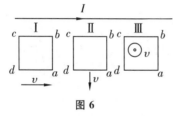
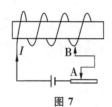

图 6   图 7

8. 如图 7 所示,闭合电路由带铁芯的螺线管、电源、滑线变阻器组成问在下列哪一种情况下可使线圈中产生的感应电动势与原电流 I 的方向相反( ).

A. 滑线变阻器的触点 A 向左滑动
B. 滑线变阻器的触点 A 向右滑动
C. 螺线管上接点 B 向左移动(忽略长螺线管的电阻)
D. 把铁芯从螺线管中抽出

9. 已知一个螺绕环的自感系数为 L. 若将该螺绕环锯成两个半环式的螺线管,则两个半环螺线管的自感系数( ).

A. 都等于 $1/2L$ B. 有一个大于 $1/2L$,另一个小于 $1/2L$
C. 都大于 $1/2L$ D. 都小于 $1/2L$

10. 如图 8 所示,一个矩形线圈,放在一根无限长载流直导线附近,开始时线圈与导线在同一个平面内,矩形的长边与导线平行. 若矩形线圈以图(1),(2),(3),(4)所示的四种方式运动,则在开始瞬间,以哪种方式运动的矩形线圈中的感应电流最大?( )

A. 以图(1)所示方式运动   B. 以图(2)所示方式运动
C. 以图(3)所示方式运动   D. 以图(4)所示方式运动

11. 在如图 9 所示的装置中,把静止的条形磁铁从螺线管中按图示情况抽出时( ).

A. 螺线管线圈中感生电流方向如 A 点处箭头所示
B. 螺线管右端感应呈 S 极

C. 线框 EFGH 从图下方粗箭头方向看去将逆时针旋转

D. 线框 EFGH 从图下方粗箭头方向看去将顺时针旋转

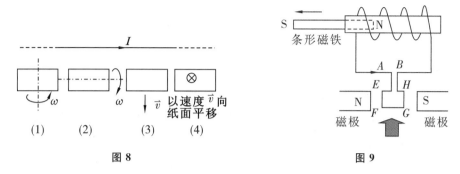

12. 有一个悬挂的弹簧振子. 振子是一个条形磁铁, 当振子上下振动时, 条形磁铁穿过一个闭合圆导线圈 A, 如图 10 所示, 则此振子做( ).

    A. 等幅振动　　　　　　　　　　B. 阻尼振动
    C. 强迫振动　　　　　　　　　　D. 增幅振动

13. 对位移电流, 有下述四种说法, 请指出哪一种说法正确? ( )

    A. 位移电流是指变化电场
    B. 位移电流是由线性变化磁场产生的
    C. 位移电流的热效应服从焦耳—楞次定律
    D. 位移电流的磁效应不服从安培环路定理

14. 如图 11 所示, 空气中有一个无限长金属薄壁圆筒, 在表面上沿圆周方向均匀地流着一层随时间变化的面电流 $i(t)$, 则( ).

    A. 圆筒内均匀地分布着变化磁场和变化电场
    B. 任意时刻通过圆筒内假想的任一球面的磁通量和电通量均为零
    C. 沿圆筒外任意闭合环路上磁感强度的环流不为零
    D. 沿圆筒内任意闭合环路上电场强度的环流为零

15. 有甲、乙两个带铁芯的线圈如图 12 所示. 欲使乙线圈中产生图示方向的感生电流 i, 可以采用下列哪一种办法? ( )

    A. 接通甲线圈电源　　　　　　　B. 接通甲线圈电源后, 减少变阻器的阻值
    C. 接通甲线圈电源后, 甲、乙相互靠近　D. 接通甲线圈电源后, 抽出甲中铁芯

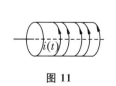

图 11

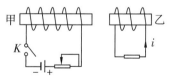

图 12

二、填空题(每空 3 分, 共 30 分)

1. 如图 13 所示, 一段长度为 l 的直导线 MN, 水平放置在载电流为 I 的竖直长导线旁与竖直导线共面, 并从静止由图示位置自由下落, 则 t 秒末导线两端的电势差 $U_M - U_N =$ _____.

2. 面积为 S 的平面线圈置于磁感强度为 $\vec{B}$ 的均匀磁场中. 若线圈以匀角速度 ω 绕位于线圈平面内且垂直 $\vec{B}$ 方向的固定轴旋转, 在时刻 $t=0$, $\vec{B}$ 与线圈平面垂直. 则任意时刻 t 时通过线圈的磁通量为_____, 线圈中的感应电动势为_____. 若均匀磁场 $\vec{B}$ 是由通有电流 I 的线圈所产生,且 $B=kI$ (k 为常量),则旋转线圈相对于产生磁场的线圈最大互感系数为_____.

3. 图 14 所示一个充电后的平行板电容器, A 板带正电, B 板带负电. 当将开关 K 合上放电时, AB 板之间的电场方向为_____, 位移电流的方向为_____ (按图 14 所标 x 轴正方向来回答).

4. 半径为 r 的两块圆板组成的平行板电容器充了电, 在放电时两板间的电场强度的大小为 $E=E_0 e^{-t/RC}$, 式中 E_0、R、C 均为常数, 则两板间的位移电流的大小为_____, 其方向与场强方向_____.

5. 如图 15 所示, 一个直角三角形 abc 回路放在一个磁感强度为 B 的均匀磁场中, 磁场的方向与直角边 ab 平行, 回路绕 ab 边以匀角速度旋转, 则 ac 边中的动生电动势为_____, 整个回路产生的动生电动势为_____.

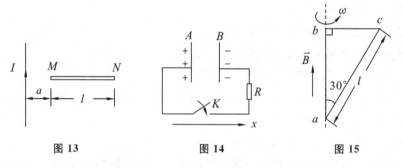

图 13　　　　图 14　　　　图 15

三、计算题(每题 10 分, 共 40 分)

1. 假设把氢原子看成是一个电子绕核做匀速圆周运动的带电系统. 已知平面轨道的半径为 r, 电子的电荷为 e, 质量为 m_e. 将此系统置于磁感强度为 $\vec{B}_0$ 的均匀外磁场中, 设 $\vec{B}_0$ 的方向与轨道平面平行, 求此系统所受的力矩 $\vec{M}$.

2. 一根导线弯成如图16所示的形状,放在均匀磁场 $\vec{B}$ 中, $\vec{B}$ 的方向垂直图面向里. $\angle bcd=60°$, $bc=cd=a$. 使导线绕轴 OO' 旋转,如图16,转速为每分钟 n 转. 计算 $\varepsilon_{OO'}$.

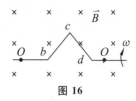

图 16

3. 如图17所示一个长圆柱状磁场,磁场方向沿轴线并垂直图面向里,磁场大小既随到轴线的距离 r 成正比而变化,又随时间 t 做正弦变化,即 $B=B_0 r\sin t$, B_0、r 均为常数. 若在磁场内放一个半径为 a 的金属圆环,环心在圆柱状磁场的轴线上,求金属环中的感生电动势,并讨论其方向.

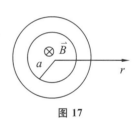

图 17

4. 如图 18 半径为 R 的无限长实心圆柱导体载有电流 I，电流沿轴向流动，并均匀分布在导体横截面上。一个宽为 R，长为 l 的矩形回路（与导体轴线同平面）以速度 $\vec{v}$ 向导体外运动（设导体内有一条很小的缝隙，但不影响电流及磁场的分布）。设初始时刻矩形回路一边与导体轴线重合，求：

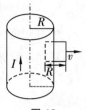

图 18

(1) $t\left(t<\dfrac{R}{v}\right)$ 时刻回路中的感应电动势；

(2) 回路中的感应电动势改变方向的时刻.

班级_____ 姓名_____ 序号_____ 成绩_____

测试九:近代物理测试题

一、选择题(每题 2 分,共 30 分)

1. 有下列几种说法:
(1)所有惯性系对物理基本规律都是等价的;
(2)在真空中,光的速度与光的频率、光源的运动状态无关;
(3)在任何惯性系中,光在真空中沿任何方向的传播速率都相同.
若问其中哪些说法是正确的,答案是( ).
  A. 只有(1)、(2)是正确的
  B. 只有(1)、(3)是正确的
  C. 只有(2)、(3)是正确的
  D. 三种说法都是正确的

2. 一枚火箭的固有长度为 L,相对于地面做匀速直线运动的速度为 v_1,火箭上有一个人从火箭的后端向火箭前端上的一个靶子发射一颗相对于火箭的速度为 v_2 的子弹.在火箭上测得子弹从射出到击中靶的时间间隔是(c 表示真空中光速)( ).
  A. $\dfrac{L}{v_1+v_2}$
  B. $\dfrac{L}{v_2}$
  C. $\dfrac{L}{v_2-v_1}$
  D. $\dfrac{L}{v_1\sqrt{1-(v_1/c)^2}}$

3. 某核电站年发电量为 200 亿度,它等于 7.2×10^{16} J 的能量,如果这是由核材料的全部静止能转化产生的,则需要消耗的核材料的质量为( ).
  A. 0.4 kg
  B. 0.8 kg
  C. $(1/12)\times10^7$ kg
  D. 1.2×10^8 kg

4. 康普顿效应的主要特点是( ).
  A. 散射光的波长均比入射光的波长短,且随散射角增大而减小,但与散射体的性质无关
  B. 散射光的波长均与入射光的波长相同,与散射角、散射体性质无关
  C. 散射光中既有与入射光波长相同的,也有比入射光波长长的和比入射光波长短的.这与散射体性质有关
  D. 散射光中有些波长比入射光的波长长,且随散射角增大而增大,有些散射光波长与入射光波长相同.这都与散射体的性质无关

5. 静止质量不为零的微观粒子做高速运动,这时粒子物质波的波长 λ 与速度 v 有如下关系( ).
  A. $\lambda\propto v$
  B. $\lambda\propto 1/v$
  C. $\lambda\propto\sqrt{\dfrac{1}{v^2}-\dfrac{1}{c^2}}$
  D. $\lambda\propto\sqrt{c^2-v^2}$

6. 波长 $\lambda=500$ nm 的光沿 x 轴正向传播,若光的波长的不确定量 $\Delta\lambda=10^{-4}$ nm,则利用不确定关系式 $\Delta p_x\Delta x\geqslant h$ 可得光子的 x 坐标的不确定量至少为( ).
  A. 25 cm
  B. 50 cm
  C. 250 cm
  D. 500 cm

7. 设某微观粒子的总能量是它的静止能量的 K 倍,则其运动速度的大小为(以 c 表示真空

中的光速)( ).

A. $\dfrac{c}{K-1}$ B. $\dfrac{c}{K}\sqrt{1-K^2}$ C. $\dfrac{c}{K}\sqrt{K^2-1}$ D. $\dfrac{c}{K+1}\sqrt{K(K+2)}$

8. 用频率为 ν_1 的单色光照射某一种金属时,测得光电子的最大动能为 E_{K1};用频率为 ν_2 的单色光照射另一种金属时,测得光电子的最大动能为 E_{K2}. 如果 $E_{K1} > E_{K2}$,那么( ).

A. ν_1 一定大于 ν_2 B. ν_1 一定小于 ν_2
C. ν_1 一定等于 ν_2 D. ν_1 可能大于也可能小于 ν_2

9. 已知某单色光照射到一个金属表面产生了光电效应,若此金属的逸出电势是 U_0(使电子从金属逸出需做功 eU_0),则此单色光的波长必须满足( ).

A. $\lambda \leqslant hc/(eU_0)$ B. $\lambda \geqslant hc/(eU_0)$ C. $\lambda \leqslant eU_0/(hc)$ D. $\lambda \geqslant eU_0/(hc)$

10. 要使处于基态的氢原子受激发后能发射赖曼系(由激发态跃迁到基态发射的各谱线组成的谱线系)的最长波长的谱线,至少应向基态氢原子提供的能量是( ).

A. 1.5 eV   B. 3.4 eV   C. 10.2 eV   D. 13.6 eV

11. 氢原子光谱的巴耳末线系中谱线最小波长与最大波长之比为( ).

A. 7/9   B. 5/9   C. 4/9   D. 2/9

12. 在均匀磁场 B 内放置一块极薄的金属片,其红限波长为 λ_0. 今用单色光照射,发现有电子放出,有些放出的电子(质量为 m,电荷的绝对值为 e)在垂直于磁场的平面内做半径为 R 的圆周运动,那么此照射光光子的能量是( ).

A. $\dfrac{hc}{\lambda_0}$ B. $\dfrac{hc}{\lambda_0}+\dfrac{(eRB)^2}{2m}$ C. $\dfrac{hc}{\lambda_0}+\dfrac{eRB}{m}$ D. $\dfrac{hc}{\lambda_0}+2eRB$

13. 在惯性参考系 S 中,有两个静止质量都是 m_0 的粒子 A 和 B,分别以速度 v 沿同一直线相向运动,相碰后合在一起成为一个粒子,则合成粒子静止质量 M_0 的值为(c 表示真空中光速( ).

A. $2m_0$ B. $2m_0\sqrt{1-(v/c)^2}$ C. $\dfrac{m_0}{2}\sqrt{1-(v/c)^2}$ D. $\dfrac{2m_0}{\sqrt{1-(v/c)^2}}$

14. 量子力学得出,频率为 ν 的线性谐振子,其能量只能为( ).

A. $E=h\nu$ B. $E=nh\nu,(n=0,1,2,3\cdots)$
C. $E=\dfrac{1}{2}nh\nu,(n=0,1,2,3\cdots)$ D. $E=(n+\dfrac{1}{2})h\nu,(n=0,1,2,3\cdots)$

15. 令电子的速率为 v,则电子的动能 E_K 对于比值 v/c 的图线可用图1中哪一个图表示(c 表示真空中光速)?( )

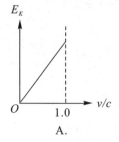
A.
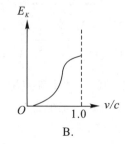
B.
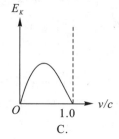
C.
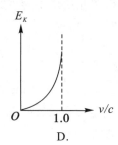
D.

图1

二、填空题(每空 3 分,共 30 分)

1. 设电子静止质量为 m_e,将一个电子从静止加速到速率为 $0.6c$(c 为真空中光速),需做功_____.

2. 如果要使氢原子能发射巴耳末系中波长为 656.28 nm 的谱线,那么最少要给基态的氢原子提供_____eV 的能量.(里德伯常量 $R=1.097\times 10^7$ m^{-1})

3. 若中子的德布罗意波长为 0.2 nm,则它的动能为_____.(普朗克常量 $h=6.63\times 10^{-34}$ J·s,中子质量 $m=1.67\times 10^{-27}$ kg)

4. 玻尔氢原子理论中,电子轨道角动量最小值为_____;而量子力学理论中,电子轨道角动量最小值为_____.

5. 当粒子的动能等于它的静止能量时,它的运动速度为_____.

6. 已知一个静止质量为 m_0 的粒子,其固有寿命为实验室测量到的寿命的 $1/n$,则此粒子的动能是_____.

7. 在 X 射线散射实验中,散射角为 $\theta_1=45°$ 和 $\theta_2=60°$ 的散射光波长改变量之比 $\Delta\lambda_1 : \Delta\lambda_2 =$_____.

8. 某金属产生光电效应的红限为 ν_0,当用频率为 $\nu(\nu>\nu_0)$ 的单色光照射该金属时,从金属中逸出的光电子(质量为 m)的德布罗意波长为_____.

9. 已知基态氢原子的能量为 -13.6 eV,当基态氢原子被 12.09 eV 的光子激发后,其电子的轨道半径将增加到玻尔半径的_____倍.

三、计算题(每题 10 分,共 40 分)

1. 要使电子的速度从 $v_1=1.2\times 10^8$ m/s 增加到 $v_2=2.4\times 10^8$ m/s 必须对它做多少功?(电子静止质量 $m_e=9.11\times 10^{-31}$ kg)

2. 以波长为 0.200 微米的单色光照射一个铜球,铜球能放出电子. 现将此铜球充电,试求铜球的电势达到多高时不再放出电子?(铜的逸出功为 $A=4.10$ eV,普朗克常量 $h=6.63\times 10^{-34}$ J·s,1 eV$=1.60\times 10^{-19}$ J)

3.氢原子光谱的巴耳末线系中,有一条光谱线的波长为 434 nm,试求:
(1)与这一条谱线相应的光子能量为多少电子伏特?
(2)该谱线是氢原子由能级 E_n 跃迁到能级 E_k 产生的,n 和 k 各为多少?
(3)最高能级为 E_5 的大量氢原子,最多可以发射几个线系,共几条谱线?
(4)请在氢原子能级图中表示出来,并说明波长最短的是哪一条谱线.

4.求出实物粒子德布罗意波长与粒子动能 E_K 和静止质量 m_0 的关系,并得出:
$E_K \ll m_0 c^2$ 时,$\lambda \approx h/\sqrt{2m_0 E_K}$;$E_K \gg m_0 c^2$ 时,$\lambda \approx hc/E_K$.

班级_____ 姓名_____ 序号_____ 成绩_____

测试十：《大学物理（下）》测试卷

$e = 1.60 \times 10^{-19}$ C $m_e = 9.11 \times 10^{-31}$ kg $m_n = 1.67 \times 10^{-27}$ kg $m_p = 1.67 \times 10^{-27}$ kg
$\varepsilon_0 = 8.85 \times 10^{-12}$ F/m $\mu_0 = 4\pi \times 10^{-7}$ H/m $= 1.26 \times 10^{-6}$ H/m $h = 6.63 \times 10^{-34}$ J·s
$b = 2.897 \times 10^{-3}$ m·K $R = 8.31$ J/(mol·K) $k = 1.38 \times 10^{-23}$ J/K
$c = 3.00 \times 10^8$ m/s $\sigma = 5.67 \times 10^{-8}$ W/(m²·K⁴) $\ln 2 = 0.693$ $\ln 3 = 1.099$
$R = 1.097 \times 10^7$ m⁻¹.

一、单项选择题(每小题 2 分,共 30 分)

1. 已知圆环式螺线管的自感系数为 L. 若将该螺线管锯成两个半环式的螺线管,则两个半环螺线管的自感系数(　　).

   A. 都等于 $L/2$ 　　　　　　　　　　B. 都小于 $L/2$
   C. 都大于 $L/2$ 　　　　　　　　　　D. 一个大于 $L/2$,一个小于 $L/2$

2. 设某微观粒子运动时的能量是静止能量的 k 倍,则其运动速度的大小为(　　).

   A. $c/(k-1)$ 　　　　　　　　　　B. $c\sqrt{1-k^2}/k$
   C. $c\sqrt{k^2-1}/k$ 　　　　　　　　D. $c\sqrt{k(k+2)}/(k+1)$

3. 空间有一个非均匀电场,其电场线如图 1 所示. 若在电场中取一个半径为 R 的球面,已知通过球面上 ΔS 面的电通量为 $\Delta \Phi_e$,则通过其余部分球面的电通量为(　　).

   A. $-\Delta \Phi_e$ 　　　　　　　　　　B. $4\pi R^2 \Delta \Phi_e/\Delta S$
   C. $(4\pi R^2 - \Delta S)\Delta \Phi_e/\Delta S$ 　　D. 0

4. 如图 2 所示,两个"无限长"的半径分别为 R_1 和 R_2 的共轴圆柱面,均匀带电,沿轴线方向单位长度上的带电量分别为 λ_1 和 λ_2,则在外圆柱面外面、距离轴线为 r 处的 P 点的电场强度大小 E 为(　　).

   A. $\dfrac{\lambda_1 + \lambda_2}{2\pi \varepsilon_0 r}$ 　　　　　　　　　B. $\dfrac{\lambda_1}{2\pi \varepsilon_0 (r-R_1)} + \dfrac{\lambda_2}{2\pi \varepsilon_0 (r-R_2)}$
   C. $\dfrac{\lambda_1 + \lambda_2}{2\pi \varepsilon_0 (r-R_2)}$ 　　　　　D. $\dfrac{\lambda_1}{2\pi \varepsilon_0 R_1} + \dfrac{\lambda_2}{2\pi \varepsilon_0 R_2}$

5. 边长为 l 的正方形线圈,分别用图 3 所示两种方式通以电流 I（其中 ab、cd 与正方形共面）,在这两种情况下,线圈在其中心产生的磁感强度的大小分别为(　　).

   A. $B_1 = 0, B_2 = 0$ 　　　　　　　B. $B_1 = 0, B_2 = \dfrac{2\sqrt{2}\mu_0 I}{\pi l}$
   C. $B_1 = \dfrac{2\sqrt{2}\mu_0 I}{\pi l}, B_2 = 0$ 　　D. $B_1 = \dfrac{2\sqrt{2}\mu_0 I}{\pi l}, B_2 = \dfrac{2\sqrt{2}\mu_0 I}{\pi l}$

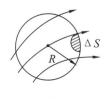

图 1

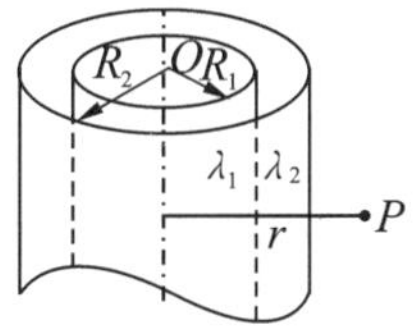

图 2

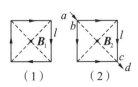

图 3

6. 如图 4,一个半球面的底面圆所在的平面与均强电场 E 的夹角为 30°,球面的半径为 R,球面的法线向外,则通过此半球面的电通量为( ).

A. $\pi R^2 E/2$　　　　　　　　　　B. $-\pi R^2 E/2$

C. $\pi R^2 E$　　　　　　　　　　　D. $-\pi R^2 E$

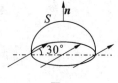

图 4

7. 康普顿散射的主要特征是( ).

A. 散射光的波长与入射光的波长全然不同

B. 散射光的波长有些与入射光相同,但有些变短了,散射角越大,散射波长越短

C. 散射光的波长有些与入射光相同,但也有变长的,也有变短的

D. 散射光的波长有些与入射光相同,有些散射光的波长比入射光的波长长些,且散射角越大,散射光的波长变得越长

8. 如图 5,一股环形电流 I 和一个回路 l,则积分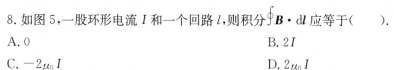

A. 0　　　　　　　　　　　　　　B. $2I$

C. $-2\mu_0 I$　　　　　　　　　　　D. $2\mu_0 I$

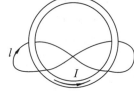

图 5

9. 以下说法中正确的是( ).

A. 场强大的地方电位一定高

B. 带负电的物体电位一定为负

C. 场强相等处电势梯度不一定相等

D. 场强为零处电位不一定为零

10. 电荷激发的电场为 E_1,变化磁场激发的电场为 E_2,则有( ).

A. E_1、E_2 同是保守场　　　　　　B. E_1、E_2 同是涡旋场

C. E_1 是保守场,E_2 是涡旋场　　　D. E_1 是涡旋场,E_2 是保守场

11. 以下一些材料的逸出功为

铍 3.9 eV　　　钯 5.0 eV　　　铯 1.9 eV　　　钨 4.5 eV

今要制造能在可见光(频率范围为 $3.9\times10^{14}\sim7.5\times10^{14}$ Hz)下工作的光电管,在这些材料中应选( ).

A. 钨　　　　B. 钯　　　　C. 铯　　　　D. 铍

12. 一块匀质矩形薄板,在它静止时测得其长为 a,宽为 b,质量为 m_0. 由此可算出其面积密度为 m_0/ab. 假定该薄板沿长度方向以接近光速的速度 v 做匀速直线运动,此时再测算该矩形薄板的面积密度则为( ).

A. $\dfrac{m_0\sqrt{1-(v/c)^2}}{ab}$　　B. $\dfrac{m_0}{ab\sqrt{1-(v/c)^2}}$　　C. $\dfrac{m_0}{ab[1-(v/c)^2]}$　　D. $\dfrac{m_0}{ab[1-(v/c)^2]^{3/2}}$

13. 质子在加速器中被加速,当其动能为静止能量的 4 倍时,其质量为静止质量的( ).

A. 4 倍　　　　B. 5 倍　　　　C. 6 倍　　　　D. 8 倍

14. 一个半径为 R 的均匀带电球面,带有电荷 Q. 若规定该球面上的电势值为零,则无限远处的电势将等于( ).

A. $\dfrac{Q}{4\pi\varepsilon_0 R}$　　　　B. 0　　　　C. $\dfrac{-Q}{4\pi\varepsilon_0 R}$　　　　D. ∞

15. 在一个孤立的导体球壳内,若在偏离球中心处放一个点电荷,则在球壳内、外表面上将出现感应电荷,其分布将是(　　).

A. 内表面均匀,外表面也均匀
B. 内表面不均匀,外表面均匀
C. 内表面均匀,外表面不均匀
D. 内表面不均匀,外表面也不均匀

二、填空题(每小题3分,共30分)

1. 电离能为0.544 eV的激发态氢原子,其电子处在$n=$_____的轨道上运动.

2. 不确定关系在x方向上的表达式为_____.

3. 真空中两条相距$2a$的平行长直导线,通以方向相同、大小相等的电流I,P、O两点与两导线在同一平面内,与导线的距离为a,如图6所示.则P点的磁场能量密度$w_{mP}=$_____.

4. 在半径为R的圆柱形空间中存在着均匀磁场$\boldsymbol{B}$,$\boldsymbol{B}$的方向与轴线平行,有一根长为l_0的金属棒AB,置于该磁场中,如图7所示,当dB/dt以恒定值增长时,金属棒上的感应电动势$\varepsilon_i=$_____.

5. 如图8所示,将半径为R的无限长导体薄壁管(厚度忽略)沿轴向割去一条宽度为h($h\ll R$)的无限长狭缝后,再沿轴向均匀地流有电流,其面电流的线密度为i,则管轴线上磁感强度的大小是_____.

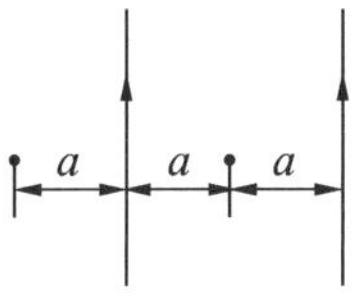

图6 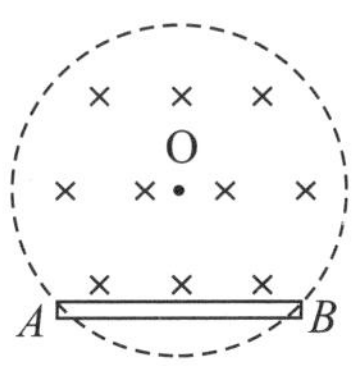　　图7 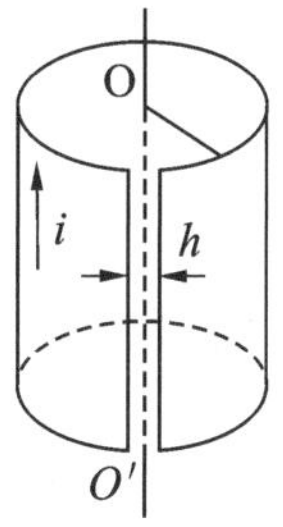　　图8

6. 写出包含以下意义的麦克斯韦方程:
变化的磁场一定伴随有电场_____.

7. 半径为R的细圆环带电线(圆心是O),其轴线上有两点A和B,且$OA=AB=R$,如图9若取无限远处为电势零点,设A、B两点的电势分别为U_1和U_2,则U_1/U_2为_____.

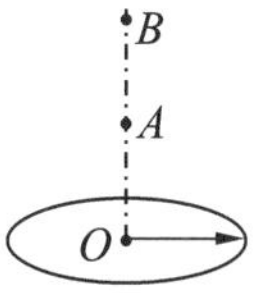

8. 狭义相对论的两条基本假设是_____.

图9

9. 在真空中分布着点电荷q_1、q_2、q_3和q_4,有一个闭合曲面S,q_2、q_4在S内,q_1、q_3在S外,则通过该闭合曲面的电通量$\oint_S \boldsymbol{E} \cdot d\boldsymbol{S}=(q_2+q_4)/\varepsilon_0$,式中的$\boldsymbol{E}$是点电荷_____在闭合曲面上任一点产生的场强的矢量和.

10. 氢原子光谱的巴耳末线系中,有一条光谱线的波长为$\lambda=434$ nm,该谱线是氢原子由能级E_n跃迁到能级E_k产生的,则n和k分别为_____.

三、计算题(每小题10分,共40分)

1. 在真空中一根长为$l=10$ cm的细杆上均匀分布着电荷,其电荷线密度$\lambda=1.0\times10^{-5}$ C/m.在杆的延长线上,距杆的一端距离$d=10$ cm的一点上,有一个点电荷$q_0=2.0\times10^{-5}$ C,如图10所示.试求该点电荷所受的电场力.

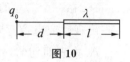

图 10

2. 如图 11 所示,一根半径为 R_2 的无限长载流直导体,其中电流沿轴向由里向外流出,并均匀分布在横截面上,电流密度为 j. 现在导体上有一个半径为 $R_1(R_1 < R_2)$ 的圆柱形空腔,其轴与直导体的轴重合. 试求各区域的磁感强度.

图 11

3. 一根无限长载有电流 I 的直导线旁边有一个与之共面的矩形线圈,线圈的边长分别为 l 和 b,l 边与长直导线平行. 线圈以速度 v 垂直离开直导线,如图 12 所示. 求当矩形线圈与无限长直导线间的互感系数 $M = \dfrac{\mu_0 l}{2\pi}$ 时,线圈的位置及此时线圈内的感应电动势的大小.

图 12

4. 一条隧道长为 L,宽为 d,高为 h,拱顶为半圆,如图 13 所示. 设想一列列车以极高的速度 v 沿隧道长度方向通过隧道,若从列车上观测,

(1) 隧道的尺寸如何?

(2) 设列车的长度为 l_0,它全部通过隧道的时间是多少?

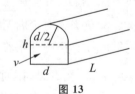

图 13

高等教育理工类精品课程规划教辅

大学物理练习册

（参考答案）

主 编 杨长铭 谢 丽 蔡昌梅

学生姓名_____ 专 业_____
班 级_____ 学 号_____

华中科技大学出版社
中国·武汉

图书在版编目(CIP)数据

大学物理练习册(参考答案)/杨长铭,谢丽,蔡昌梅主编．—武汉:华中科技大学出版社,2014.7(2022.7 重印)
ISBN 978-7-5680-0267-7

Ⅰ.①大…　Ⅱ.①杨…　②谢…　③蔡…　Ⅲ.①物理学-高等学校-习题集　Ⅳ.①O4-44

中国版本图书馆 CIP 数据核字(2014)第 155095 号

大学物理练习册(参考答案)　　　　　　　　　　　　　杨长铭　谢　丽　蔡昌梅　主编
Daxue Wuli Lianxice(Cankao Da'an)

策划编辑：彭中军
责任编辑：彭中军
封面设计：龙文装帧
责任校对：张会军
责任监印：朱　玢
出版发行：华中科技大学出版社(中国·武汉)
　　　　　武昌喻家山　邮编：430074　电话：(027)81321913
录　　排：华中科技大学惠友文印中心
印　　刷：武汉科源印刷设计有限公司
开　　本：787 mm×1092 mm　1/16
印　　张：12.5
字　　数：318 千字
版　　次：2022 年 7 月第 1 版第 10 次印刷
定　　价：24.00 元(含练习册和参考答案)

本书若有印装质量问题，请向出版社营销中心调换
全国免费服务热线：400-6679-118　竭诚为您服务
版权所有　侵权必究

目　　录

练习 1　质点运动的描述 ……………………………………………………………………（1）
练习 2　圆周运动　相对运动 ………………………………………………………………（1）
练习 3　牛顿定律 ……………………………………………………………………………（1）
练习 4　动量　动量守恒定律 ………………………………………………………………（1）
练习 5　功和能 ………………………………………………………………………………（2）
练习 6　力矩　转动惯量　转动定律 ………………………………………………………（2）
练习 7　角动量　力矩做功 …………………………………………………………………（2）
练习 8　状态方程　热力学第一定律 ………………………………………………………（2）
练习 9　等值过程　绝热过程 ………………………………………………………………（3）
练习 10　循环过程　卡诺循环 ………………………………………………………………（3）
练习 11　热力学第二定律　卡诺定理 ………………………………………………………（3）
练习 12　物质的微观模型　压强公式 ………………………………………………………（3）
练习 13　理想气体的内能　分布律　自由程 ………………………………………………（4）
练习 14　谐振动 ………………………………………………………………………………（4）
练习 15　谐振动能量　谐振动合成 …………………………………………………………（4）
练习 16　共振　波动方程 ……………………………………………………………………（4）
练习 17　波的能量　波的干涉 ………………………………………………………………（5）
练习 18　驻波　多普勒效应 …………………………………………………………………（5）
练习 19　几何光学基本定律　球面反射和折射 ……………………………………………（5）
练习 20　薄透镜　显微镜　望远镜 …………………………………………………………（6）
练习 21　光的相干性　双缝干涉　光程 ……………………………………………………（6）
练习 22　薄膜干涉　劈尖 ……………………………………………………………………（6）
练习 23　牛顿环　迈克耳孙干涉仪　衍射现象 ……………………………………………（6）
练习 24　单缝　圆孔　光学仪器的分辨率 …………………………………………………（6）
练习 25　光栅　X 射线的衍射 ………………………………………………………………（7）
练习 26　光的偏振 ……………………………………………………………………………（7）
练习 27　库仑定律　电场强度 ………………………………………………………………（7）
练习 28　电场强度（续）………………………………………………………………………（7）
练习 29　高斯定理 ……………………………………………………………………………（8）
练习 30　静电场的环路定理　电势 …………………………………………………………（8）
练习 31　静电场中的导体 ……………………………………………………………………（8）
练习 32　静电场中的电介质 …………………………………………………………………（9）
练习 33　磁感应强度　毕奥-萨伐尔定律 …………………………………………………（9）
练习 34　毕奥-萨伐尔定律（续）……………………………………………………………（9）
练习 35　安培环路定理 ………………………………………………………………………（10）
练习 36　安培力　洛仑兹力 …………………………………………………………………（10）
练习 37　物质的磁性 …………………………………………………………………………（10）

1

练习 38	电磁感应定律　动生电动势	(11)
练习 39	感生电动势　自感	(11)
练习 40	互感　磁场的能量	(11)
练习 41	麦克斯韦方程组	(11)
练习 42	狭义相对论的基本原理	(12)
练习 43	狭义相对论的时空观	(12)
练习 44	相对论力学基础	(13)
练习 45	热辐射	(13)
练习 46	光电效应　康普顿效应	(13)
练习 47	氢原子的玻尔理论	(14)
练习 48	德布罗意波　不确定关系	(14)
练习 49	量子力学简介	(14)
练习 50	氢原子的量子力学简介	(15)
练习 51	激光　半导体	(15)

测试一：力学测试题解答 (15)
测试二：热学测试题解答 (16)
测试三：振动和波测试题解答 (16)
测试四：光学测试题解答 (17)
测试五：《大学物理(上)》测试卷解答 (17)
测试六：静电学测试题解答 (18)
测试七：稳恒磁场测试题解答 (18)
测试八：电磁感应测试题解答 (18)
测试九：近代物理测试题解答 (19)
测试十：《大学物理(下)》测试卷解答 (19)

大学物理练习册参考答案

练习1 质点运动的描述

一、选择题
1.C； 2.D； 3.A； 4.B； 5.D； 6.D.

二、填空题
1.8m； 2.23 m/s； 3.$-\omega^2 \boldsymbol{r}$ 或 $-\omega^2(A\cos\omega t \boldsymbol{i}+B\sin\omega t \boldsymbol{j})$； 4.$\frac{1}{12}Ct^4-v_0t-x_0$.

三、计算题
1.(1)$\bar{v}=\Delta x/\Delta t=-0.5$ m/s； (2)$v(2)=-6$ m/s； (3)$S=2.25$ m. 2.$v=2(x+x^3)^{1/2}$.

练习2 圆周运动 相对运动

一、选择题
1.B； 2.B； 3.D； 4.C； 5.A； 6.A.

二、填空题
1.0.1 m/s²； 2.v_0+bt, $\sqrt{b^2+(v_0+bt)^4/R^2}$； 3.4 m/s²,0； 4.$g\sin\theta$, $g\cos\theta$.

三、计算题
1.$v_1=v_2t_1^2/t_2^2=8$ m/s， $a_n=32$ m/s²， $a_\tau=16$ m/s²， $a=(a_n^2+a_\tau^2)^{1/2}=4\sqrt{5}=35.8$ m/s².
2.$t=[2h/(3g)]^{1/2}=0.37$ s， 螺帽下落了 13.8 m.

练习3 牛顿定律

一、选择题
1.C； 2.C； 3.C； 4.D； 5.D； 6.B.

二、填空题
1. $T\cos\theta-mg=0$； 2.$(\mu g/r)^{1/2}$； 3.$(m_1l_1+m_2l_1+m_2l_2)\omega^2, m_2(l_1+l_2)\omega^2$；
4.460 m,5.5×10³ N.

三、计算题
1.$a=\dfrac{F-(m+m_A+m_B)g}{m+m_A+m_B}=\dfrac{F}{m+m_A+m_B}-g$，
$T(x)=(96+24x)$.
2.(1)$v=v_0 e^{-kt/m}$；
(2)$x=mv_0/k$.

练习4 动量 动量守恒定律

一、选择题
1.C； 2.C； 3.B； 4.D； 5.A； 6.A.

二、填空题
1.2 J； 2.18 N·s； 3.180 kg； 4.$F\Delta t_1/(m_1+m_2)$, $F\Delta t_1/(m_1+m_2)+F\Delta t_2/m_2$.

三、计算题

1. $I_1 = \int_0^{T/2} mg\boldsymbol{j}\,\mathrm{d}t = mg\pi r/v\boldsymbol{j}$,方向向下.
   $I_2 = I - I_1 = 2mv_0\boldsymbol{i} - (mg\pi r/v)\boldsymbol{j}$
   其大小为 $I_2 = [(2mv_0)^2 + (mg\pi r/v)^2]^{1/2} = m[4v_0^2 + (g\pi r/v)^2]^{1/2}$
   与 Y 轴的夹角 $\alpha = \arctan(I_{2x}/I_{2y}) = \arctan[2mv_0/(-mg\pi r/v_0)] = \pi - \arctan[v_0^2/(\pi gr)]$.

2. $N = N_1 + N_2 = 3\rho gx = 3G$.

练习5 功 和 能

一、选择题

1. B； 2. C； 3. B； 4. A； 5. C； 6. D.

二、填空题

1. 12 J； 2. $2GMm/(3R)$, $-GMm/(3R)$； 3. 9.8 J, 0, -5.8 J； 4. $mgl/50$.

三、计算题

1. 31 J. 2. $S = v^2/(2\mu_k g)$.

练习6 力矩 转动惯量 转动定律

一、选择题

1. A； 2. C； 3. D； 4. D； 5. A； 6. C.

二、填空题

1. 20； 2. $\dfrac{4}{\pi}$ s, -15 m/s； 3. $mr^2/2$, $MR^2/2$, $=$； 4. $R_B : R_A$, $1:1$, $1:1$, $R_B : R_A$.

三、计算题

1. $\alpha = 3g\sin 60°/(2l) = 3\sqrt{3}g/(4l)$, $\omega = [3g/(2l)]^{1/2}$. 2. $\alpha = \dfrac{2g}{19r}$.

练习7 角动量 力矩做功

一、选择题

1. E； 2. D； 3. A； 4. B； 5. D； 6. A.

二、填空题

1. 38 kg·m^2； 2. $-\dfrac{3}{8}J\omega_0^2$； 3. $\dfrac{1}{3}\omega_0$； 4. R_1v_1/R_2, $(1/2)mv_1^2(R_1^2/R_2^2 - 1)$.

三、计算题

1. $M_\mu = 3.92 \times 10^{-2}$ m·N,
   $T = 0.4896$ N,
   $J = 1.468$ kg·m^2.

2. $v = (2M/3m)[3gL(1-\cos\theta)]^{1/2}$.

练习8 状态方程 热力学第一定律

一、选择题

1. B； 2. A； 3. B； 4. D； 5. B； 6. D.

二、填空题

1. N/V, $N = N_0 M/M_{\mathrm{mol}}$； 2. 体积、温度和压强,分子的运动速度或分子的动量或分子的动能；

3.166 J; 4.(2),(3),(2),(3).
三、计算题
1.0.082 m³;0.033 kg.
2.$a^2(1/V_1-1/V_2)$;V_2/V_1.

练习9　等值过程　绝热过程

一、选择题
1.A; 2.D 3.D; 4.B; 5.C; 6.D.
二、填空题
1.124.7 J,−84.3 J; 2.$A,\Delta E,Q$; 3.−4.19×10⁵ J,2.09×10³ J;
4.$2/(i+2),i/(i+2)$.

三、计算题
1.405.2 J;0;405.2 J.
2.4.74×10³ J.

练习10　循环过程　卡诺循环

一、选择题
1.A; 2.B; 3.A; 4.A; 5.C; 6.D.
二、填空题
1.33.3％,50％,66.7％; 2.200 J; 3.$V_2,(V_1/V_2)^{\gamma-1}T_1,(RT_1/V_2)(V_1/V_2)^{\gamma-1}$; 4.500 K.
三、计算题
1.−6232.5 J;3739.5 J;3456 J;13.4％.　2.13.4％.

练习11　热力学第二定律　卡诺定理

一、选择题
1.A; 2.D; 3.C; 4.B; 5.A; 6.C.
二、填空题
1.不能,相交,1; 2.$C_p\ln2$; 3.熵增加,不可逆的; 4.不变,增加.
三、计算题
$R\ln10$.
四、讨论题
不正确;
熵的增加原理是:"绝热(或封闭或孤立)物系的熵永不减少"或"绝热(或封闭或孤立)物系的熵在可逆过程中不变,在不可逆过程中增加".

练习12　物质的微观模型　压强公式

一、选择题
1.C; 2.B; 3.D; 4.A; 5.B; 6.D.
二、填空题
1.1.33×10⁵ Pa; 2.210 K,240 K; 3.质点,忽略不计,完全弹性; 4.0,kT/m.

3

三、计算题

1．(1)6.21×10^{-21} J，$\sqrt{\overline{v^2}}=\sqrt{2\overline{\varepsilon_k}/m}=483$ m/s；　(2)300 K．

2．1.61×10^{12}个，　10^{-8} J，　0.667×10^{-8} J，　1.67×10^{-8} J．

练习13　理想气体的内能　分布律　自由程

一、选择题

1．B；　2．C；　3．D；　4．C；　5．C；　6．C．

二、填空题

1．1.29×10^{-2} m/s；　2．(2),(1)；　3．1∶2∶4；　4．无关,成正比．

三、计算题

1．1.31 kg/m³，1.04×10^{-20} J，4.27×10^{-9} m 或 3.44×10^{-9} m．

2．$A=3/500\,000$，54.8 m/s．

练习14　谐　振　动

一、选择题

1．A；　2．C；　3．B；　4．D；　5．B；　6．B．

二、填空题

1．2.0；　2．$A\cos(2\pi t/T-\pi/2)$，$A\cos(2\pi t/T+\pi/3)$；　3．见图练习1；

4．0.2 rad/s，$-0.02\sin(0.2t+0.5)$(SI)，0.02 rad/s．

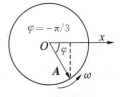

图练习1

三、计算题

1．$x=5\times10^{-2}\cos(7t+0.64)$(SI)．

2．(1)3.0 m/s；　(2)-1.5 N．

练习15　谐振动能量　谐振动合成

一、选择题

1．B；　2．A；　3．D；　4．C；　5．C；　6．D．

二、填空题

1．9.9×10^2 J；　2．$|A_2-A_1|$，$x=|A_2-A_1|\cos(2\pi t/T+\pi/2)$；

3．$0.05\cos(\omega t-\pi/12)$(SI)；　4．5.5 Hz，1．

三、计算题

1．$2\pi\{(2ML)/[3(Mg+2kL)]\}^{1/2}$．

2．$x=x_1+x_2=2\times10^{-2}\cos(4t+\pi/3)$(SI)．

练习16　共振　波动方程

一、选择题

1．B；　2．C；　3．D；　4．A；　5．C；　6．B．

二、填空题

1．向下,向上,向上；　2．$0.1\cos(4\pi t-\pi)$(SI)，-1.26 m/s；　3．$\pi/30$；　4．3,300．

三、计算题

1．(1)$y=0.04\cos[0.4\pi t-5\pi x-\dfrac{\pi}{2}]$(SI)；　(2)$y_P=0.04\cos(0.4\pi t-3\pi/2)$(SI)．

2.(1) $y_O = 0.06\cos(\pi t + \pi)$ (SI); (2) $y = 0.06\cos[\pi(t-x/2)+\pi]$ (SI); (3) $\lambda = 4$ (m).

练习17 波的能量 波的干涉

一、选择题

1.A； 2.B； 3.C； 4.D； 5.B； 6.C.

二、填空题

1. $y = 2\times 10^{-3}\cos(200\pi t - \pi x/2 - \pi/2)$； 2. R_2^2/R_1^2.

3.如图练习1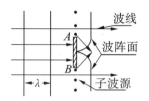

图练习1

4.5 J.

三、计算题

1. $y = \sqrt{2}A\cos(\omega t - \pi/4)$.

2. $y = y_1 + y_2 = 6\times 10^{-3}\cos(2\pi t - \pi/2)$ (SI).

练习18 驻波 多普勒效应

一、选择题

1.B； 2.A； 3.D； 4.D； 5.A； 6.A.

二、填空题

1. $x = (k+1/2)(\lambda/2)(k=0,1,2,3,\cdots)$.

2. $2A\cos(2\pi x/\lambda \pm \pi/2 - 2\pi L/\lambda)\cos(2\pi \nu t \pm \pi/2 + \varphi - 2\pi L/\lambda)$.

3. $v_s(u-v_R)/u$. 4.802 Hz.

三、计算题

1. $y = y_1 + y_2 = A\cos(\omega t + 2\pi x/\lambda) + A\cos(\omega t - 2\pi x/\lambda) = 2A\cos 2\pi x/\lambda \cos\omega t$.

2. (1) $y_2 = A\cos[2\pi(x/\lambda - t/T) + \pi]$; (2) $y = y_1 + y_2 = 2A\cos(2\pi x/\lambda + \pi/2)\cos(2\pi t/T - \pi/2)$；
(3) 波腹 $x = (n-1/2)\lambda/2(n=1,2,3,\cdots)$, 波节 $x = n\lambda/2(n=1,2,3,\cdots)$.

练习19 几何光学基本定律 球面反射和折射

一、选择题

1.B； 2.A； 3.C； 4.A； 5.D； 6.D.

二、填空题

1.60°； 2.$8L\omega/\pi$； 3.n_2L/n_1； 4.入射光是同心光束时,出射光也是同心光束.

三、计算题

1. $s' = 16$ cm.

2. $s = -100$ mm,球心; $s = -60.47$ mm,离球心 39.53 mm.

练习 20　薄透镜　显微镜　望远镜

一、选择题
1．C； 2．A； 3．B； 4．D； 5．D； 6．C．

二、填空题
1．∞ cm,平凸透镜； 2．凹，-0.2 D； 3．2.5 D； 4．凸,改变光的传播方向．

三、计算题
1．$f'=\mp 6$ cm．
2．$f'_2=-4$ cm，$f'_1=16$ cm．图略．

练习 21　光的相干性　双缝干涉　光程

一、选择题
1．C； 2．D； 3．D； 4．B； 5．A； 6．B．

二、填空题
1．$2\pi d\sin\theta/\lambda$； 2．$2\pi(n-1)e/\lambda$，4×10^4； 3．$D\lambda/dn$； 4．$2\pi(n_1-n_2)e/\lambda$．

三、计算题
1．第一级明纹彩色带宽度 $\Delta x_1=D\Delta\lambda/a=0.72$ mm,
　第五级明纹彩色带宽度 $\Delta x_5=5D\Delta\lambda/a=3.6$ mm．
2．0,11 m;7．

练习 22　薄膜干涉　劈尖

一、选择题
1．A； 2．B； 3．C； 4．D； 5．B； 6．C．

二、填空题
1．1.40； 2．$\lambda/(2L)$； 3．$5\lambda/(2n\theta)$； 4．$n_1\theta_1=n_2\theta_2$．

三、计算题
1．$\lambda=600$ nm， $\lambda=428.6$ nm．
2．1.7×10^{-4} rad．

练习 23　牛顿环　迈克耳孙干涉仪　衍射现象

一、选择题
1．B； 2．C； 3．C； 4．D； 5．A； 6．D．

二、填空题
1．539.1； 2．0.5046； 3．$2(n-1)h$； 4．子波,子波干涉．

三、计算题
$r=[(k\lambda-2e_0)R]^{1/2}$．($k$ 为大于等于 $2e_0/\lambda$ 的整数)

四、证明题
略．

练习 24　单缝　圆孔　光学仪器的分辨率

一、选择题
1．B； 2．D； 3．D； 4．C； 5．A； 6．B．

二、填空题
1.1×10^{-6}; 2.4,第一,暗; 3.3.0 mm; 4.0,15 mm.

三、计算题
400 mm.

四、问答题
略.

练习25 光栅 X射线的衍射

一、选择题
1.A; 2.D; 3.C; 4.D; 5.B; 6.C.

二、填空题
1. 916; 2.1; 3.$0,\pm1,\pm3,\pm5,\cdots$; 4.$0.170\ nm$.

三、计算题
1.$\Delta\theta=\theta_2-\theta_1=0.043°$.
2.(1)$\Delta x=2f\tan\theta_1\approx2f\lambda/a=0.06\ m$; (2)$k=0,\pm1,\pm2$等5条光栅衍射主极大.

练习26 光的偏振

一、选择题
1.A; 2.C; 3.B; 4.D; 5.C; 6.D.

二、填空题
1.遵守普通的折射,不遵守普通的折射; 2.见图练习2;
3.$\Delta\varphi=\alpha l$; 4.355 nm, 396 nm.

三、计算题
$\theta=0$ 入射光中线偏振光光矢量方向与偏振片 P_1 的偏振化方向平行.

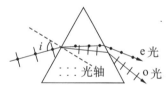

图练习2

四、证明题
略.

练习27 库仑定律 电场强度

一、选择题
1.C; 2.B; 3.A; 4.C; 5.D; 6.B.

二、填空题
1.$\lambda_1 d/(\lambda_1+\lambda_2)$; 2.$2qy\boldsymbol{j}/[4\pi\varepsilon_0(a^2+y^2)^{3/2}],\pm a/2^{1/2}$; 3.$M/(E\sin\theta)$; 4.4 N/C,向上.

三、计算题
1.$E=\int_0^{\pi/2}\sigma\sin\theta\cos\theta d\theta/(2\varepsilon_0)=\sigma/(4\varepsilon_0)$,方向沿 x 轴正向.
2.$E=E_x=Q/(2\pi^2\varepsilon_0 R^2)$,方向沿 x 轴正向.

练习28 电场强度(续)

一、选择题
1.D; 2.C; 3.D; 4.B; 5.A; 6.D.

二、填空题

1. $2p/(4\pi\varepsilon_0 x^3)$, $-p/(4\pi\varepsilon_0 y^3)$; 2. $\lambda/(\pi\varepsilon_0 a)$, 0; 3. 5.14×10^5; 4. 0.

三、计算题

1. $E_x = 0$.

$$E_y = \int dE_y = \int_{-a/2}^{a/2} \frac{\lambda b dx}{2\pi\varepsilon_0 a(b^2+x^2)} = \frac{\lambda b}{2\pi\varepsilon_0 a} \cdot \frac{1}{b}\arctan\frac{x}{b}\bigg|_{-a/2}^{a/2} = \frac{\lambda}{\pi\varepsilon_0 a}\arctan\frac{a}{2b}.$$

2. 略.

练习 29　高 斯 定 理

一、选择题

1. D； 2. A； 3. D； 4. C； 5. B； 6. B.

二、填空题

1. $\sigma/(2\varepsilon_0)$，向左；$3\sigma/(2\varepsilon_0)$，向右；$\sigma/(2\varepsilon_0)$，向右.

2. $-Q/\varepsilon_0$，$-2Qr_0/(9\pi\varepsilon_0 R^2)$，$-Qr_0/(2\pi\varepsilon_0 R^2)$.

3. $(q_1+q_4)/\varepsilon_0$，q_1、q_2、q_3、q_4，矢量和. 4. $2RlE$.

三、计算题

1. 板内 $|x|<a$　$E=\{2\rho_0 a\sin[\pi x/(2a)]\}/(\pi\varepsilon_0)$,

板外 $|x|>a$　$E=2\rho_0 a/(\pi\varepsilon_0)$,

当 $x>0$ 方向向右，当 $x<0$ 方向向左.

2. $E_O = \rho d/(2\varepsilon_0)$　方向向右，

$E_P = \rho d/(2\varepsilon_0) - \rho a^3/(12\varepsilon_0 d^2)$　方向向左.

练习 30　静电场的环路定理　电势

一、选择题

1. A； 2. C； 3. B； 4. D； 5. D； 6. A.

二、填空题

1. $\dfrac{1}{8\pi\varepsilon_0 R}(\sqrt{2}q_1+\sqrt{2}q_3+2q_2)$; 2. $Ed\cos\alpha$; 3. $-q/(6\pi\varepsilon_0 R)$; 4. -2×10^{-7} C.

三、计算题

1. $U = \int_r^\infty \boldsymbol{E}\cdot d\boldsymbol{r} = \int_r^{R_1} \boldsymbol{E}_1 dr + \int_{R_1}^{R_2} \boldsymbol{E}_2 dr + \int_{R_2}^\infty \boldsymbol{E}_3 dr$

$= \rho(R_2^2-R_1^2)/(2\varepsilon_0) = 3Q(R_2^2-R_1^2)/[8\pi\varepsilon_0(R_2^3-R_1^3)]$.

2. (1) $U_{r_1}-U_{r_2} = \int_{r_1}^{r_2} \boldsymbol{E}_2\cdot d\boldsymbol{l} = (\lambda/2\pi\varepsilon_0)\ln(r_2/r_1)$;

(2) 无限长带电直线不能选取无限远处为电势零点,因为此时带电直线已不是无限长了,公式 $E=\lambda/(2\pi\varepsilon_0 r)$ 不再适用.

练习 31　静电场中的导体

一、选择题

1. A； 2. A； 3. B； 4. C； 5. B； 6. D.

二、填空题
1. $2U_0/3+2Qd/(9\varepsilon_0 S)$； 2. 会，矢量； 3. 是，是，垂直，等于； 4. $-q$；球壳外的整个空间.
三、计算题
(1) $\sigma_1=\sigma_4=(Q_1+Q_2)/(2S)=2.66\times 10^{-8}$ C/m^2, $\sigma_2=-\sigma_3=(Q_1-Q_2)/(2S)=0.89\times 10^{-8}$ C/m^2.
(2) $\Delta U=U_A-U_B=\int_A^B E\cdot dl=(Q_1-Q_2)d/(2\varepsilon_0 S)=1$ V.

四、证明题
略.

练习32 静电场中的电介质

一、选择题
1. B； 2. D； 3. C； 4. A； 5. C； 6. B.
二、填空题
1. 非极性，极性； 2. 取向，取向，位移，位移； 3. (1) $-Q/(2S)$，(2) $-Q/S$；
4. $\lambda/(2\pi r)$, $\lambda/(2\pi\varepsilon_0\varepsilon_r r)$.
三、计算题
(1) 外层介质先击穿.
(2) 略.

四、证明题
略.

练习33 磁感应强度 毕奥-萨伐尔定律

一、选择题
1. D； 2. A； 3. A； 4. B； 5. D； 6. D.
二、填空题
1. 所围面积，电流，法线($\boldsymbol{n}$)；
2. $\mu_0 I/(4R_1)+\mu_0 I/(4R_2)$, 垂直向外；$(\mu_0 I/4)(1/R_1^2+1/R_2^2)^{1/2}$, $\pi+\arctan(R_1/R_2)$；
3. 0；
4. $9\mu_0 I/(4\pi a)$.
三、计算题
1. $B_x=\int dB_x=\int_{-a}^{a}\dfrac{\mu_0 I dx}{4\pi(x^2+a^2)}=\mu_0 I/(8a)$,

$B_y=\int dB_y=\int_{-a}^{a}\dfrac{\mu_0 I x dx}{4\pi a(x^2+a^2)}=0$.

2. $B=\int dB=\int_{\pi/2}^{\pi}\dfrac{\mu_0 NI\sin^2\theta d\theta}{\pi R}=\mu_0 NI/(4R)$.

练习34 毕奥-萨伐尔定律(续)

一、选择题
1. D； 2. B； 3. C； 4. A； 5. D； 6. A.
二、填空题
1. 0.16 T； 2. $\mu_0 Qv/(8\pi l^2)$, z 轴负向； 3. $\mu_0 nI\pi R^2$； 4. 1:2, 1:2.

三、计算题

1. $\Phi_1 = \int_a^{2a} \dfrac{\mu_0 I}{2\pi r} b \, dr \cos\pi = \dfrac{\mu_0 bI}{2\pi} \ln 2$, $\Phi_2 = \int_{2a}^{4a} \dfrac{\mu_0 I}{2\pi r} b \, dr \cos\pi = \dfrac{\mu_0 bI}{2\pi} \ln 2$; $\Phi_1/\Phi_2 = 1$.

2. $\dfrac{\mu_0 Q\omega}{2\pi R^2}$, $\omega QR^2/4$.

练习35　安培环路定理

一、选择题

1. B； 2. C； 3. D； 4. C； 5. D； 6. A.

二、填空题

1. 环路 L 所包围的电流，环路 L 上的磁感应强度，内外；

2. $\mu_0 I, 0, 2\mu_0 I$； 3. $-\mu_0 IS_1/(S_1+S_2)$； 4. 0.

三、计算题

1. $B = B_y = \mu_0 dI/[2\pi(R^2 - R'^2)]$.

2. (1) 平面之间 $B = B_1 + B_2 = \mu_0 J$，(2) 两面之外，$B = B_1 - B_2 = 0$.

练习36　安培力　洛仑兹力

一、选择题

1. D； 2. B； 3. C； 4. A； 5. B； 6. B.

二、填空题

1. IBR； 2. 10^{-2}, $\pi/2$； 3. 0.157 N·m, 7.85×10^{-2} J； 4. $\sqrt{2}BIR$, 沿 y 轴正向.

三、计算题

1. (1) $M_m = P_m B \sin(\pi/2) = Ia^2 B = 9.4\times10^{-4}$ m·N, (2) $\theta = 15°$.

2. $F = \mu_0 I_1 I_2/2$, 方向向右.

练习37　物质的磁性

一、选择题

1. D； 2. B； 3. D； 4. A； 5. C； 6. B.

二、填空题

1. 7.96×10^5 A/m, 2.42×10^2 A/m； 2. 见图练习2； 3. 矫顽力 H_c 大，永久磁铁；

4. 1.00 A； 5.00×10^7 A/m.

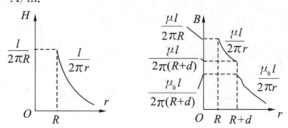

图练习2

三、计算题

1. 介质内，$0 < x < b/2$，$B = \mu_0 \mu_{r1} H = \mu_0 \mu_{r1} x\gamma E$,

介质外，$|x|>b/2$，$B=\mu_0\mu_{r2}H=\mu_0\mu_{r2}b\gamma E/2$.

2. 介质内表面的磁化电流 $I_{SR1}=J_{SR1}\cdot 2\pi R_1=\chi_m I$（与 I 同向），

   介质外表面的磁化电流 $I_{SR2}=J_{SR2}\cdot 2\pi R_2=\chi_m I$（与 I 反向）.

练习38 电磁感应定律 动生电动势

一、选择题

1. D； 2. C； 3. D； 4. A； 5. C； 6. D.

二、填空题

1. $\dfrac{\mu_0\pi r_1^2}{2r_2}I_0\omega\cos\omega t$，$\dfrac{\mu_0\pi r_1^2 I_0}{2Rr_2}$； 2. $>$，$<$，$=$； 3. $B\omega R^2/2$，沿曲线由中心向外； 4. $2l^2B\omega\sin\theta$.

三、计算题

1. $\varepsilon_i=-\mathrm{d}\Phi_m/\mathrm{d}t=\dfrac{\mu_0 l}{2\pi b}\left[b-(a+b)\ln\dfrac{a+b}{a}\right]\dfrac{\mathrm{d}I}{\mathrm{d}t}=-5.18\times10^{-8}$ V， 负号表示逆时针.

2. $v=\dfrac{mgR\sin\theta}{B^2l^2\cos^2\theta}(1-e^{-(B^2l^2\cos^2\theta)t/(mR)})$ $v_m=\dfrac{mgR\sin\theta}{B^2l^2\cos^2\theta}$.

练习39 感生电动势 自感

一、选择题

1. A； 2. D； 3. C； 4. B； 5. B； 6. D.

二、填空题

1. $er_1(\mathrm{d}B/\mathrm{d}t)/(2m)$，向右；$eR^2(\mathrm{d}B/\mathrm{d}t)/(2r_2m)$，向下；

2. $\mu_0 n^2 l\pi a^2$，$\mu_0 n I_0\pi a^2\omega\cos\omega t$.

3. $\varepsilon=\pi R^2 k/4$，从 c 流至 b.

4. $-\sqrt{L_1L_2}\dfrac{\mathrm{d}}{\mathrm{d}t}i_1$.

三、计算题

1. $\pi R^2(\mathrm{d}B/\mathrm{d}t)/4$ N 点的电势高.

2. $I_i=\varepsilon_i/R=\mu_0\omega_0 Qa^2/(2LRt_0)$， 方向与旋转方向一致.

练习40 互感 磁场的能量

一、选择题

1. D； 2. C； 3. B； 4. C； 5. A； 6. D.

二、填空题

1. 0； 2. $\Phi_{AB}=\Phi_{BA}$； 3. $\mu_0 I^2 L/(16\pi)$； 4. 22.6 J·m^{-3}.

三、计算题

1. $L_0=\mu_0 l/(2\pi)+(\mu_0 l/\pi)\ln(d/a)$.

2. $M=\Phi_m/I=\mu_0 Nh\ln(R/r)/(2\pi)$.

练习41 麦克斯韦方程组

一、选择题

1. C； 2. A； 3. D； 4. B； 5. C； 6. B.

二、填空题

1. 1； 2. ②,③,①； 3. 1.33×10^2 W/m², 2.51×10^{-6} J/m³；
4. $J_d=\varepsilon_0 dE/dt$, $I_d=\varepsilon_0\pi r^2 dE/dt$.

三、计算题

1. (1) $U=I_0(1-e^{-kt})/(kC)$，
   (2) $I_d=I_0 e^{-kt}$，
   (3) O 点，$B=0$，
   A 点，$r=R_1<R$： $B=\mu I_0 e^{-kt}R_1/(2\pi R^2)$ 方向向里，
   C 点，$r=R_2>R$： $B=\mu I_0 e^{-kt}/(2\pi R_2)$ 方向向外.

2. (1) 坡印廷矢量平均值 $\bar{S}=I=P/(2\pi r^2)$，
   $r=10$ km $\bar{S}=P/(2\pi r^2)=1.59\times 10^{-5}$ W/m²；
   (2) $S=\sqrt{\mu/\varepsilon}H^2$，
   $E_m=\sqrt{2\bar{S}\sqrt{\mu_0/\varepsilon_0}}=1.09\times 10^{-1}$ V/m $H_m=\sqrt{2\bar{S}\sqrt{\varepsilon_0/\mu_0}}=2.91\times 10^{-4}$ A/m.

练习 42 狭义相对论的基本原理

一、选择题

1. C； 2. D； 3. B； 4. A； 5. A； 6. C.

二、填空题

1. 相对性，光速不变； 2. c,c； 3. $\frac{\sqrt{3}}{2}c$； 4. c.

三、计算题

1. 1.8×10^8 m/s， 9×10^8 m.
2. (1) $\Delta x'=90$ m， $\Delta t'=\Delta x'/c=3.0\times 10^{-7}$ s；
   (2) 地球上观察者 $\Delta x=(\Delta x'+v\Delta t')/(1-v^2/c^2)^{1/2}=270$ m；
   $\Delta t=(\Delta t'+v\Delta x'/c^2)/(1-v^2/c^2)^{1/2}=9.0\times 10^{-7}$ s.

练习 43 狭义相对论的时空观

一、选择题

1. A； 2. A； 3. A； 4. C； 5. A； 6. D.

二、填空题

1. $0.6c$, 9.0×10^8 m； 2. $\sqrt{\frac{16}{17}}c$ 或 $0.97c$； 3. $\sqrt{1-\left(\frac{a}{l_0}\right)^2}c$； 4. $\frac{\Delta x}{v}$, $\frac{\Delta x}{v}\cdot\sqrt{1-\frac{v_2}{c^2}}$ 或 $\frac{\frac{\Delta x}{v}-\frac{v}{c^2}\Delta x}{\sqrt{1-\frac{v_2}{c^2}}}$.

三、计算题

1. $\Delta x'=\dfrac{\Delta x-v\Delta t}{\sqrt{1-\dfrac{v^2}{c^2}}}=\dfrac{100-0.6c\times 10}{0.8}=-2.25\times 10^9$ m，

$$\Delta t' = \frac{\Delta t - \frac{v}{c^2}\Delta x}{\sqrt{1-\frac{v^2}{c^2}}} = \frac{10 - \frac{0.6c}{c^2}\times 100}{0.8} = 12.5 \text{ s}.$$

2. $L' = L\sqrt{1-\frac{v^2}{c^2}}$,

$$t' = \frac{L'}{v} + \frac{l_0}{v} = \frac{L\sqrt{1-(v/c)^2}+l_0}{v}.$$

练习 44　相对论力学基础

一、选择题

1. A； 2. C； 3. A； 4. B； 5. C； 6. D.

二、填空题

1. 1.49 M； 2. $\frac{\sqrt{3}}{2}c, \frac{\sqrt{3}}{2}c$； 3. 5.81×10^{-13} J，8.04×10^{-2}； 4. $\frac{m_0}{ab(1-\frac{v^2}{c^2})}$.

三、计算题

1. $T = 2\pi(m_0+E_k/c^2)/(qB) = 7.65\times 10^{-7}$ s.
2. $\Delta l = v\Delta t = v\tau_0\gamma = c\sqrt{1-(E_0/E)^2}\tau_0 E/E_0 = c\tau_0\sqrt{(E/E_0)^2-1} = 1.799\times 10^4$ m.

练习 45　热　辐　射

一、选择题

1. A； 2. D； 3. C； 4. D； 5. C； 6. B.

二、填空题

1. 0.64； 2. 9.3×10^{-6} m； 3. 2.4×10^3 K； 4. 1.42×10^3 K.

三、计算题

1. (1) $T = b/\lambda_m = 5.794\times 10^3$ K；
   (2) $P = M(T)S = \sigma T^4 4\pi R_S^2 = 3.67\times 10^{26}$ W；
   (3) $P' = P/S' = \sigma T^4 4\pi R_S^2/(4\pi L^2) = 1.30\times 10^3$ W/m².
2. (1) $v_m = c/\lambda_m = c/(b/T) = cT/b = 3.11\times 10^{11}$ Hz；
   (2) $P = M(T)S = \sigma T^4 4\pi R_E^2 = 2.34\times 10^9$ W.

练习 46　光电效应　康普顿效应

一、选择题

1. D； 2. B； 3. A； 4. C； 5. C； 6. A.

二、填空题

1. $hc/\lambda, h/\lambda, h/(\lambda c)$； 2. $\frac{h}{m_e c}, m_e c$； 3. 1.45 V，7.14×10^5 m/s； 4. $\pi, 0$.

三、计算题

1. $U_c = (hc/\lambda - A)/e = hc/(\lambda e) - A/e$,
   $R = mv/(qB) = [2m(hc/\lambda - A)]^{1/2}/(eB)$.

13

2. $\lambda = \lambda_0 + \Delta\lambda = \lambda_0 + h(1-\cos\varphi)/(m_0 c) = 1.024 \times 10^{-10}$ m,
$E_k = h\nu_0 - h\nu = 4.71 \times 10^{-17}$ J $= 294$ eV.

练习47 氢原子的玻尔理论

一、选择题
1. C； 2. D； 3. D； 4. A； 5. C； 6. C.

二、填空题
1. 角动量量子化，能量量子化； 2. 定态假设，频率条件，角动量量子化； 3. 1.51； 4. 负，不连续.

三、计算题
1. $r_n = n^2 a_1 = 9a_1$， 即氢原子的半径增加到基态时的9倍.
2. (1) $n=4$；
   (2) 可以发出 λ_{41}、λ_{31}、λ_{21}、λ_{43}、λ_{42}、λ_{32} 六条谱线.
   能级图如图练习3所示.

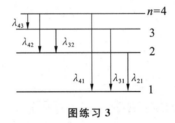

图练习3

练习48 德布罗意波 不确定关系

一、选择题
1. D； 2. C； 3. D； 4. A； 5. B； 6. D.

二、填空题
1. 1.46 Å, 6.63×10^{-31} m； 2. $\dfrac{\sqrt{3}}{3}$；
3. 6.63×10^{-24} 或 1.06×10^{-24}, 3.32×10^{-24}, 0.53×10^{-24}；
4. $\dfrac{h}{\sqrt{2m_e E}}$.

三、计算题
1. (1) $\lambda_\alpha = h/p_\alpha = h/(2eBR) = 9.98 \times 10^{-12}$ m $= 9.98 \times 10^{-3}$ nm；
   (2) $\lambda = h/p = h/(mv) = h/[m(2eBR/m_\alpha)] = [h/(2eBR)](m_\alpha/m) = (m_\alpha/m)\lambda_\alpha = 6.62 \times 10^{-34}$ m.
2. (1) $\lambda_0 = h/p = hc/[(eU + 2m_0 c^2)eU]^{1/2} = 8.74 \times 10^{-13}$ m；
   (2) $\lambda = h/p = h/(2meU)^{1/2} = h/(2m_0 eU)^{1/2} = 1.23 \times 10^{-12}$ m；
   $(\lambda - \lambda_0)/\lambda_0 = 40.7\%$.

练习49 量子力学简介

一、选择题
1. D； 2. C； 3. D； 4. D； 5. B； 6. C.

二、填空题

1. $v_3 = v_1 + v_2$, $1/\lambda_3 = 1/\lambda_1 + 1/\lambda_2$.

2. 粒子 t 时刻出现在 r 处的概率密度，单值，有限，连续，$\int |\Psi|^2 dxdydz = 1$.

3. $a/6$, $a/2$, $5a/6$.

4. $\sqrt{\dfrac{2}{a}}$.

三、计算题

1. $x = \dfrac{1}{2}a$.

2. $c = \sqrt{30/l^5}$ $P = \int_0^l |\Psi|^2 dx = \int_0^l 30x^2(l-x)^2 dx/l^5 = 17/81 = 21\%$.

练习 50　氢原子的量子力学简介

一、选择题

1. A；　2. A；　3. C；　4. A；　5. B；　6. B.

二、填空题

1. 13.6, 5;　2. 2.55;　3. 整数, 能量;　4. 0, $\pm h$, $\pm 2h$.

三、计算题

1. 初态能量，$E_n = E_k + \varepsilon = -0.85$ eV,
   初态主量子数 $n = (E_1/E_n)^{1/2} = 4$.

2. $v = \sqrt{2(h\nu - E_i)/m_e} = 7.0 \times 10^5$ m/s.

练习 51　激光　半导体

一、选择题

1. D；　2. C；　3. C；　4. B；　5. C；　6. D.

二、填空题

1. n, p;　2. 0.65 eV;　3. n, 电子;　4. (2),(3),(4),(5).

三、计算题

1. $N_2/N_1 = \exp\{-(E_2 - E_1)/kT\} = 0.006$.

2. $E_k = kc/(2nL)\ (k=1,2,\cdots)$.

测试一：力学测试题解答

一、选择题

1. C；　2. C；　3. C；　4. A；　5. C；　6. B；　7. B；　8. A；　9. D；　10. C；　11. C；　12. C；
13. C；　14. E；　15. C.

二、填空题

1. $mgbk$, $mgbtk$;　2. 零, 正;　3. $-\dfrac{k\omega_0^2}{9J}$, $\dfrac{2J}{k\omega_0}$;　4. 2275 kg·m^2/s, 13 m/s;

5. $-\dfrac{2GMm}{3R}$;　6. $\mu mg \dfrac{l}{2}$.

三、计算题

1. 5 N; ± 0.2 m.

2. $v_B^2 = v'^2 + v^2$; $W = (3mr_0^2\omega_0^2/2) + \frac{1}{2}mv^2$.

3. 10.3 rad/s^2; 9.08 rad/s.

4. $t = 2m_2 \dfrac{v_1 + v_2}{\mu m_1 g}$.

测试二:热学测试题解答

一、选择题

1. D; 2. C; 3. B; 4. B; 5. C; 6. C; 7. C; 8. C; 9. C; 10. C; 11. C; 12. D; 13. B; 14. A; 15. D.

二、填空题

1. $\dfrac{3}{2}p_0V_0$, $\dfrac{5}{2}p_0V_0$, $\dfrac{8p_0V_0}{13R}$; 2. <; 3. 不变,增加; 4. $(\dfrac{1}{3})^{\gamma-1}T_0$, $(\dfrac{1}{3})^{\gamma}p_0$; 5. $\sqrt{\dfrac{2pV}{M}}$;

6. $\dfrac{5}{2}pV$.

三、计算题

1. 31.8 m/s; 33.7 m/s.

2. 水银滴将向左边移动少许.

3. (1)任意过程: $\Delta E_1 = \dfrac{5}{2}RT_1$; $W_1 = \dfrac{1}{2}RT_1$; $Q_1 = 3RT_1$,

   绝热膨胀过程: $\Delta E_1 = -\dfrac{5}{2}RT_1$; $W_2 = \dfrac{5}{2}RT_1$; $Q_2 = 0$,

   等温压缩过程: $\Delta E_3 = 0$; $W_3 = -2.08RT_1$; $Q_3 = -2.08RT_1$.

   (2) 30.7%.

4. (1) $T_a = 400$ K,

   $T_b = 636$ K,

   $T_c = 800$ K,

   $T_d = 504$ K,

   (2) $E_c = 9.97 \times 10^3$ J.

   (3) $W = 0.748 \times 10^3$ J.

测试三:振动和波测试题解答

一、选择题

1. C; 2. E; 3. D; 4. D; 5. B; 6. C; 7. A; 8. C; 9. A; 10. E; 11. B; 12. B; 13. D; 14. C; 15. C.

二、填空题

1. $x_2 = 0.02\cos(4\pi t - 2\pi/3)$ (SI); 2. $3\pi c$ m/s; 3. 0; 4. $100k \pm 50$ m(k 为整数);

5. 300; 6. 5 J; 7. 802 Hz; 8. 0.84; 9. $y_P = 0.2\cos(\dfrac{1}{2}\pi t - \dfrac{1}{2}\pi)$ (SI); 10. 935 Hz.

三、计算题

1. (1) $y = 0.1\cos 2\pi(2t - x/10)$ (SI); (2) $y_1 = 0.1$ m; (3) $u = -1.26$ m/s.

2. (1) $y=3\cos(4\pi t+\pi x/5-\pi)$(SI), $y_0=3\cos(4\pi t-14\pi/5)$(SI);
  (2) $y=3\cos(4\pi t-\pi x/5)$(SI), $y_D=3\cos(4\pi t-14\pi/5)$(SI).
3. (1) $y_2=A\cos[2\pi(t/T-x/\lambda)+3\pi/2]$(SI); (2) $y_2=A\cos[2\pi(t/T-r/\lambda)+3\pi/2]$(SI).
4. (1) $y_2=0.05\cos[2\pi(t/0.05+x/4)]$(SI); (2) $y=y_1+y_2=0.10\cos(\pi x/2)\cos40\pi t$(SI),
  $x=2k+1(k=0,\pm1,\pm2,\cdots)$, $x=\pm1$ m, ±3 m.

测试四:光学测试题解答

一、选择题

1. C; 2. C; 3. B; 4. D; 5. B; 6. B; 7. B; 8. C; 9. A; 10. D; 11. D; 12. A; 13. D; 14. B; 15. C.

二、填空题

1. 4×10^3; 2. 1.33; 3. 0.36 mm; 4. 54.7°; 5. 波动; 6. 1.25; 7. 14.7 cm(或 14.4 cm); 8. -0.2 D; 9. $2d$; 10. 4.

三、计算题

1. $r=[(k\lambda-2e_0)R]^{1/2}$($k$ 为大于等于 $2e_0/\lambda$ 的整数).

2. (1) $d=\dfrac{j\lambda}{\sin\theta_1}=\dfrac{2\times600}{0.2}$ nm $=6000$ nm $=6\times10^{-3}$ mm,

  (2) $b=\dfrac{d}{4}=1.5\times10^{-3}$ mm,

  (3) $j=0;\pm1;\pm2;\pm3;\pm5;\pm6;\pm7;\pm9$.

3. (1) $x=20\,D\lambda/a=0.11$ m;

  (2) $k\approx7$,移到原第 7 级明纹处.

4. (1) 45°; (2) 0.338.

测试五:《大学物理(上)》测试卷解答

一、选择题

1. D; 2. A; 3. C; 4. A; 5. C; 6. B; 7. C; 8. D; 9. D; 10. A; 11. B; 12. C; 13. C; 14. B; 15. C.

二、填空题

1. $Ae^{-\beta t}[(\beta^2-\omega^2)\cos\omega t+2\beta\omega\sin\omega t]$ (m/s^2);

2. $mr_1^2\omega_1^2(r_1^2/r_2^2-1)/2$; 3. 0.5 kg·m^2; 4. 200 J; 5. $mu^2/(3k)$; 6. $\sqrt{2}T_0$; 7. $2\pi/3$; 8. 1.40; 9. 7; 10. 916.

三、计算题

1. (1) $y=0.04\cos\left[2\pi\left(\dfrac{t}{5}-\dfrac{x}{0.4}\right)-\dfrac{\pi}{2}\right]$(SI);

  (2) $y=0.04\cos\left(0.4\pi t-\dfrac{3\pi}{2}\right)$(SI).

2. $v=at=mgt/\left(m+\dfrac{1}{2}M\right)$.

3. $\eta=37.5\%$.

4. 在 s_2 后方加云母片;$t=3\lambda/(n-1)$.

17

测试六:静电学测试题解答

一、选择题

1. D; 2. D; 3. D; 4. D; 5. D; 6. C; 7. A; 8. B; 9. B; 10. B; 11. D; 12. C; 13. D; 14. C; 15. A.

二、填空题

1. $\lambda d/\varepsilon_0$, $\lambda d/[4\pi\varepsilon_0(R^2-d^2/4)]$,水平向左; 2. $F/4$; 3. $\dfrac{1}{8\pi\varepsilon_0 R}(\sqrt{2}q_1+\sqrt{2}q_3+q_2)$;

4. 负,<; 5. $Q/(4\pi\varepsilon_0 R^2)$,0,$Q/(4\pi\varepsilon_0 R)$,$Q/(4\pi\varepsilon_0 r_2)$.

三、计算题

1. $R=\sqrt{3}a$.
2. $C_0=C_L/L=\pi\varepsilon_0/\ln(d/r_0)$.
3. (1) $\rho d_1/(3\varepsilon_0)$ 方向向右; (2) $\rho(4d^3-a^3)/(12\varepsilon_0 d^2)$ 方向向左.
4. $\rho(3R^2-r_0^2-2R_1^3/r_0)/(6\varepsilon_0)$.

测试七:稳恒磁场测试题解答

一、选择题

1. D; 2. B; 3. C; 4. B; 5. B; 6. D; 7. C; 8. A; 9. A; 10. C; 11. C; 12. B; 13. B; 14. D; 15. C.

二、填空题

1. aIB; 2. $\dfrac{\mu_0 I}{2R}\left(1-\dfrac{1}{\pi}\right)$,垂直纸面向里; 3. 矫顽力小,容易退磁; 4. $I/(2\pi r)$,$\mu I/(2\pi r)$;

5. 6.67×10^{-6} T; 7.20×10^{-21} A·m^2; 6. 1:1.

三、计算题

1. $B_A=B_{BE}-2B_{BD}=0.342\dfrac{\mu_0 I}{4\pi R}=3.42\times 10^{-8}$ T.

2. 3.73×10^{-3} T 方向垂直纸面向上.

3. $\mu_0 i\sin\alpha$.

4. $0<r<R_1$: $B=\dfrac{\mu_0 Ir}{2\pi R_1^2}$,

   $R_1<r<R_2$: $B=\dfrac{\mu_0 I}{2\pi r}$,

   $R_2<r<R_3$: $B=\mu_0 H=\dfrac{\mu_0 I}{2\pi r}\left(1-\dfrac{r^2-R_2^2}{R_3^2-R_2^2}\right)$,

   $r>R_3$: $B=0$.

测试八:电磁感应测试题解答

一、选择题

1. B; 2. D; 3. C; 4. C; 5. D; 6. C; 7. B; 8. A; 9. D; 10. C; 11. C; 12. B; 13. A; 14. B; 15. D.

二、填空题

1. $-\dfrac{\mu_0 Ig}{2\pi}t\ln\dfrac{a+l}{a}$; 2. $BS\cos\omega t$,$BS\omega\sin\omega t$,kS; 3. x轴正方向,x轴负方向;

4. $\dfrac{\pi r^2 \varepsilon_0 E_0}{RC}\mathrm{e}^{-t/RC}$,相反; 5. $l^2\omega B/8$,0.

三、计算题

1. $\dfrac{e^2 B_0}{4}\sqrt{\dfrac{r}{\pi\varepsilon_0 m_e}}\vec{k}$.

2. $(\sqrt{3}\pi na^2 B/120)\sin(2\pi nt/60)$.

3. $\varepsilon_i=-\mathrm{d}\Phi/\mathrm{d}t=-(2\pi/3)B_0 a^3\omega\cos\omega t$,当 $\varepsilon_i>0$ 时,电动势沿顺时针方向.

4. $\varepsilon=v\dfrac{\mu_0 Il}{2\pi}\left(\dfrac{1}{R+vt}-\dfrac{vt}{R^2}\right)$.

当 $\varepsilon=0$ 时,ε 将改变方向 $t=\dfrac{(\sqrt{5}-1)R}{2v}$.

测试九:近代物理测试题解答

一、选择题

1. D; 2. B; 3. B; 4. D; 5. C; 6. C; 7. C; 8. D; 9. A; 10. C; 11. B; 12. B; 13. D; 14. D; 15. D.

二、填空题

1. $0.25m_e c^2$; 2. 12.09; 3. 3.29×10^{-21} J; 4. $h/(2\sqrt{2m_e E})$,0; 5. $\dfrac{\sqrt{3}}{2}c$;

6. $m_0 c^2(n-1)$; 7. 0.586 或 $2-\sqrt{2}$; 8. $\sqrt{\dfrac{h}{2m(v-v_0)}}$; 9. 9.

三、计算题

1. $W=m_0 C^2\left(\dfrac{1}{\sqrt{1-\dfrac{v_2^2}{c^2}}}-\dfrac{1}{\sqrt{1-\dfrac{v_1^2}{c^2}}}\right)=4.72\times 10^{-14}$ J

   $=2.95\times 10^5$ eV.

2. $U\geqslant 2.12$ V 时,铜球不再放出电子.

3. (1) $h\nu=hc/\lambda=2.86$ eV.
   (2) $k=2,n=5$.
   (3) 可发射四个线系,共有 10 条谱线.见图练习 3 波长最短的是由 $n=5$ 跃迁到 $n=1$ 的谱线.
   (4) 略.

4. $\lambda=\dfrac{hc}{\sqrt{E_K^2+2E_K m_0 c^2}}$

   当 $E_K\ll m_0 c^2$ 时,$\lambda=hc/\sqrt{2E_K m_0 c^2}\approx h/\sqrt{2E_K m_0}$;
   当 $E_K\gg m_0 c^2$ 时,$\lambda\approx hc/E_K$.

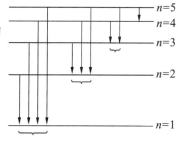

图练习3

测试十:《大学物理(下)》测试卷解答

一、选择题

1. B; 2. C; 3. A; 4. A; 5. C; 6. A; 7. D; 8. D; 9. D; 10. C; 11. C; 12. C;

13. B； 14. C； 15. B.

二、填空题

1. 5； 2. $\Delta x \Delta p_x \geq h$； 3. $2\mu_0 I^2/(9\pi^2 a^2)$； 4. $l_0 (\mathrm{d}B/\mathrm{d}t)(R^2-l_0^2/4)^{1/2}/2$； 5. $\dfrac{\mu_0 ih}{2\pi R}$；

6. $\oint_L \boldsymbol{E} \cdot \mathrm{d}\boldsymbol{l} = -\int_S (\partial \boldsymbol{B}/\partial t) \cdot \mathrm{d}\boldsymbol{S}$； 7. $\sqrt{5}/2$； 8. 相对性和光速不变； 9. q_1、q_2、q_3、q_4；

10. 5，2.

三、计算题

1. $F = \dfrac{q_0 \lambda l}{4\pi\varepsilon_0 d(d+l)} = 9.0$ N， 沿 x 轴负向.

2. $r < R_1$， $B_1 = 0$.

　$R_1 < r < R_2$， $B_2 = \mu_0 j(\pi r^2 - \pi R_1^2)/2\pi r$.

　$r > R_2$， $B_2 = \mu_0 j(\pi R_2^2 - \pi R_1^2)/2\pi r$.

3. 位置：$r_1 = b/(\mathrm{e}-1)$，

　大小：$E = \dfrac{\mu_0 I (\mathrm{e}-1)^2 vl}{2\pi \mathrm{e} b}$.

4. (1) 隧道的长度缩短，其他尺寸均不变，

　隧道长度为 $L' = L\sqrt{1-\dfrac{v^2}{c^2}}$.

　(2) $t' = \dfrac{L'}{v} + \dfrac{l_0}{v} = \dfrac{L\sqrt{1-(v/c)^2}+l_0}{v}$.